戒掉拖延症 你敢吗？

墨　陌◎编著

南京出版传媒集团
南京出版社

图书在版编目（CIP）数据

戒掉拖延症，你敢吗？ / 墨陌编著. -- 南京：南京出版社，2016.6

ISBN 978-7-5533-1301-6

Ⅰ. ①戒… Ⅱ. ①墨… Ⅲ. ①成功心理—通俗读物 Ⅳ. ① B848.4-49

中国版本图书馆 CIP 数据核字（2016）第 076997 号

书　　名：戒掉拖延症，你敢吗？
作　　者：墨 陌
出版发行：南京出版传媒集团
　　　　　南 京 出 版 社
　社　　址：南京市太平门街 53 号　　邮编：210016
　网　　址：http://www.njcbs.cn　　淘宝网店：http://njpress.taobao.com
　天猫网店：http://njcbcmjtts.tmall.com　　电子信箱：njcbs1988@163.com
　联系电话：025-83283893、83283864（营销）025-83112257（编务）

出 版 人：朱同芳
出 品 人：卢海鸣
责任编辑：潘　珂
装帧设计：金　刚
责任印制：杨福彬

印　　刷：北京爱丽精特彩印有限公司
开　　本：710 毫米 ×1000 毫米　1/16
印　　张：14
字　　数：149 千字
版　　次：2016 年 06 月第 1 版
印　　次：2016 年 06 月第 1 次印刷
书　　号：ISBN 978-7-5533-1301-6
定　　价：35.00 元

营销分类：畅销　励志

前　言

有种快乐的代价叫拖延

“每次打开跑步机决心锻炼减肥，就觉得应该先弹会儿琴，打开琴又觉得光弹琴不写歌浪费，于是打开电脑；然后上网乱看一小时；脑子被搅乱，无法写作，便上楼吃饭；吃完饭脑袋缺血，必须睡一觉，临睡时安慰自己虽然吃完了就睡会长肉，但是睡醒了会去跑步机上锻炼减肥……”这是国内某著名音乐人发的一篇微博，后面跟了近万条评论，粉丝们纷纷表达自己的共鸣—原来我也有“拖延症”！其实，拖延就像蒲公英，你把它拔掉，以为不会再长出。但是实际上，它的根却埋藏得很深，很快又长出来了。

不仅仅是现代，追本溯源也不乏举世闻名的“拖拉机”。留下众多传世名画的列奥纳多·达·芬奇在他的小本子上写呀画呀，记下了很多超越时代的点子：新型时钟、飞行器、里程表、降落伞、光学仪器……有的点子改了上千次，有的点子想了好多年，可是，最终一个都没有实现。传说在达·芬奇的临终遗言中，曾这样写道：“告诉我，告诉我，有什么事是完成了的？”如果说以上名人大师的拖延给人一种“亲切感”的话，那么，相比之下，常人的拖延却并不总是那么“好玩了”。下面这个场景恐怕很多人都遇到过：你再次下定决心要克服睡懒觉的毛病，于是，前一天晚上，你就把闹钟拨到早晨六点半。第二天，你的闹钟准时响了，可是你根本没有精神起床，于是你对自己说："今天就当作最后一次吧，再睡10分钟，明天绝对不能再这样了。"然后，你果断地按掉闹钟，继续睡觉去了。直到你忽然醒来，翻身一看闹钟，才发现自己马上就要迟到了。于是，你匆匆忙忙地爬起床，再一次重复以前的错误。

不得不承认，在我们身边，这样的"拖延史"真可谓五花八门，明明知道有很多事情堆在眼前：散乱的衣橱、摊开的文件，或者只是一个该打的电话、一封该发出去的E-mail，当然，还有自己焦急不安的小心脏，可是即便如此，我们还是一边如热锅上的蚂蚁一般咬着手指甲，一边自我安慰发着呆地说，再待一会儿，就一下下……所以，在拖延者身上才会不断地上演"走狗屎运——赶在节点前挤出来的东西居然博得满堂彩"和"擦肩而过——眼睁睁看着最后一班车开走"这两出戏码。

然而，最终结果呢？有的人错过了出书的机会；有的人错过了高薪的工作；有的人因为痴迷"魔兽争霸"而错过了对演员的采访；甚至还有的人因此而失去学业、丢掉文凭……

无事不拖的人确实难找，而从不拖延的人也着实罕见。不过，本书的关注重点并不是这些形形色色的"拖延者"，而是拖延行为、拖延想法和拖延感受。阿德勒学派心理学曾经告诉我：所有行为的背后都有其目的性。所以，当你阅读这本关于拖延的书时，已经踏上了探求这种行为背后的"目标"或者"目的"之路：有些人是通过拖延来逃避困难或是旷日持久的任务；有些人由于缺乏完成任务的知识和技巧，所以，总是担心如果自己把事情弄砸了，很可能就会在别人面前露出马脚（换句话说，什么都不做至少什么都不会亏掉）；而还有一些人则是通过拒绝付出努力来表达对他人的愤怒。

在本书中，你会见识到人类行为是多么的复杂，并且发现与拖延相关的形形色色的心理特征：缺乏自信、顽固，以拖延方式来应对压力，或者总是以灰心丧气的受害者自居。可以说，单纯地推迟一件不得不做的事情，背后一定藏着许多目的和理由。

当然，为了让原本看起来错综复杂的拖延过程变得更加简洁清晰，也是本书不遗余力的努力方向。我们有理由相信，通过清晰易行的步骤，亲身实践的练习方法，你将学会自我调节，克服拖延症，而且学会为生命负责，并重建你的力量感和目标感。

无论你是偶尔才拖上两下，还是问题严重、焦虑重重的“拖延症患者”，通过阅读本书，都可以克服拖延症，让你的生命之旅收获更多的成就。苏格兰有这样一句谚语：“什么时候都能做的事，往往什么时候都不去做。”所以，从现在起，开始阅读这本书吧，把其中的智慧运用到你的工作和生活当中，从此终结你的拖延症！

目　录

第一章
认识拖延症：谁该为拖延负责

第二章
分析拖延症：明确症结所在

第三章
抵制拖延症：提升自我控制

第四章
消除拖延症：设定有效的目标

第一章
认识拖延症：谁该为拖延负责

对于拖延，我们总是有着太多的误解和疑惑。那么，延是什么，拖延又不是什么呢？认识拖延，才能知道我们是怎么变成这样的，才能最终走出拖延的怪圈。

第一节　什么是拖延症？拖延症有多可怕？

一、拖延是什么，拖延不是什么

对于拖延，我们总是有着太多的误解和疑惑，在把这个问题弄清楚之前，先来澄清一个概念——拖延。提到“拖延”这个词，也许很多人会想到“精明（prudence）”“耐心（patience）”和“优先化（prioritizing）”，没错，这些词都包含“推迟”的成分，但是没有一个是“拖延”的同义词。

在英文中，“拖延”的拉丁字根“pro”是“向前”或“倾向于”的意思，而“crastinus”则是“明天的”意思。单从字面意思上理解，“拖延”的意思显而易见，然而事实上，拖延的意义远比字面意思复杂得多。

“拖延”一词最早出现在英语中是16世纪，从那时起，它就不是泛指一般性的“推迟”，而是特指一类非理性的推迟行为。也就是说，虽然很多有推迟行为的人明明知道自己再这么拖下去会把情况搞得非常糟糕，可还是心甘情愿地拖拖拉拉。

不过，在我们身边，还存在着这样一种人，他们总是把聪明的推迟行为划成“拖延”。让我们不妨假想这样一幕场景：办公室里，你的一位同事正在他的办公椅子上伸着懒腰，胳膊叉在脑后，一副悠然自得的神态。

你若问他："哎，是不是有什么好事儿啊？"

此君保准扬扬得意地回你一句："嘻嘻，我正磨洋工呢！"

事实真的如此吗？非也。此君正开心地拖着一份报告呢。"既然是拖着，又怎么会如此开心呢？"你疑惑了。这位同事之所以拖拖拉拉迟迟不肯写，是因为他知道这个项目在这周晚些时候十之八九会被 pass 掉。不过，就算不 pass 掉，他也完全有把握在最后一刻轻轻松松地写完。佩服吧，这才叫聪明呢。

反之，在这种情况下，那些强迫自己必须尽早完成一切的家伙们才是真正的不理性。尽管这些人会争分夺秒地围着工作转，可是结果注定会毫无意义。那些每件任务都要在第一时间内完成的强迫狂们，可能与凡事都要闷到最后的拖延者们在"功能失调"方面不相上下，但是，在规划时间方面，他们却谁都不聪明。

如此看来，即使你没能早早地到达聚会场所，那也不叫拖延。你若是能晚到一会儿，反倒能让邀请你的主人少一些尴尬。殊不知，对方可能还在张罗着，哪里有时间顾得上你呢。即使你没有在飞机起飞之前三小时就抵达机场，那也不叫拖延。殊不知，你若是能晚到一会儿，反倒为自己省却了在机场里苦等飞机起飞的难耐时光。

此外，当你面对紧急事件时，暂时抛开其他一切，同时推迟其他一切，也不叫拖延。举个滑稽而荒谬的例子，如果你宁可把刚刚着了火的房子撂在一边，也要坚持修剪完院子里的草坪，那可不是个聪明的举动。因为假如你没有推迟剪草的话，整座房子很可能就会被烧成黑乎乎的废墟，这代价也就未免太大了。

其实，在这人世间，并非所有事情都是同时发生，并且需要同时解决的。什么事情现在就要做，什么事情过后再去做，都是你自己的选择，换句话说，是你自己的抉择造成了拖延，而非推迟行为本身造成了拖延。

总而言之，任何人都无法抗拒拖延的诱惑。事实上，在你看完这篇文章的工夫，或许已经足够浇完花儿，查完 E-mail，甚至可能检查完孩子的家庭作业了。拖延症，在我们每个人身上都存在，而且随时可能“病发”。当我们想推迟完成某些任务，当我们感到害怕，感到彷徨，对自己的能力感到怀疑，或者只是想换个环境，不想作决定，这些情况下，我们都会犯懒得做的病，不知不觉，时间就会一拖再拖，我们就会陷入拖延的陷阱。

二、拖延简史

无论我们在哪儿，只要你想寻找拖延的足迹，总能找得到。拖延的历史可能要追溯到 9000 年前，日复一日的春天播种、秋天收割，是人类第一个人为的截止期限，这是人类生存必须及文明进程的任务，而这也可以解释为什么最早的关于拖延的记载都是关于农耕的原因所在。

4000 年前，古埃及人用了至少 8 种象形文字来表示拖延，其中有一种象形文字专门指忽略或遗忘，而且这些被翻译成拖延的象形文字常常与农活连用，尤其是那些与尼罗河年度周期有关的农活。通常情况下，每年当尼罗河到了涨潮的时候，都会漫过河堤，留下肥沃的洪泛平原。

另外，翻开古希腊诗人赫希俄德的记载，我们会发现这样一个现象：一直以来，古希腊人始终与拖延苦苦斗争着。这位古希腊文学史上最伟大的诗人——赫西俄德，在其长达800行的史诗《工作与时日》中曾这样劝诫道："不要将工作推到明日或明日的明日。懒惰的工人填不满他的谷仓，拖延工作的人也没饭吃。勤劳让工作顺利，拖延工作的人最终一事无成。"让我们认真分析一下这条警示，就会发现它具有多么重要的意义。因为当时的希腊正陷入一场经济危机，很多希腊农民不仅将自己的农场，甚至连自己身边亲人的农场也一并抵押了。拖延不仅严重影响了信誉，还可能让每一个深陷其害的人眼睁睁地看着自己的孩子变成富有邻居的私有财产。

到了公元前440年，拖延从农田蔓延到了战场，科学史之父修昔底德就曾在记录了雅典和斯巴达战争的《伯罗奔尼撒战争史》一书中明确指出，拖延是人类性格特质中最邪恶的一种，唯一的用途就是拖延战事，以便有更多的时间来研究取胜之道。

随着时间的继续推进，拖延又慢慢涉足到了宗教领域，几乎每个宗教都有相关记载。比如，在最早的文字佛经——《巴利文大藏经》中，高僧就曾这样说："拖延就是道德败坏。"

到了16世纪，我们会发现拖延开始出现在英语中，而不是翻译文本中。比如，著名剧作家罗比特·格林于1584年就曾写道："你会发现，推迟滋生危险，而在危险时刻，拖延更是灾难的罪魁祸首。"

再后来，随着工业革命的出现，拖延更是大行其道。英国文学大师塞缪尔·约翰逊于1751年在《漫步者》这个周刊上写过这样一篇短文，在这篇文章中，他把拖延描述成人性的普遍弱点之一，虽说这一问题有道德的指引和理性的抗议，但是仍然或多或少地存在于每个人的头脑之中。4 年后，这位约翰逊大师又把这个词记入颇有影响力的英语大词典，从此之后，在我们常用的词汇中，就有了拖延这个词。如此看来，从有文字记载开始，拖延就是人类历史上经久不衰的一个主题。

第二节　你是否具有拖延症？不要恐慌，测一测就知道！

一、谁是下一个“拖拉机”

现在，想必你已经非常清楚拖延是怎么回事，那么，在拖延的排行榜上，你又排在哪个位置呢？是那种普通的磨磨蹭蹭，还是那种已经将“明天再说”这几个字深深地刻到了脊背上？

别着急，下面这个办法就能帮你测量你的拖延倾向到底有多重。在这里，我们为你准备了一份快捷、迷你的测试量表（见表 1–1），这张表是根据上万名被试者的诸多情况编制而成。

下面请在下表中圈出你对每道题目的回答：“我不会或极少这样”计 1 分，“我很少这样”计 2 分，“我有时这样”计 3 分，“我时常这样”计 4 分，“我就是或总是这样”计 5 分。然后，再把每道题目后对应的分数相加，这样就得出了总分。

需要说明的是，在这个测试量表中，第 2 题、第 5 题、第 8 题与其他题目的计分方式不同，为反向计分，即由“我就是或总是这样”至“我不会或极少这样”的分数为 1~5 分。

表 1-1 拖延测试量表

题　　目
1. 总是将任务推迟到了不合理的程度。
2. 经常为没有早点着手的任务后悔。
3. 无论什么事，只要觉得需要做，就会立即做。
4. 在生活的某些方面经常拖延，虽说明知不应该这样。
5. 如果有应该做的事情，就会先把它做完，再去做次要的事。
6. 事情拖得太久，健康和效率都会受到不必要的影响。
7. 事情总是到了最后，才发现原来可以把时间用在更好的地方。
8. 本来是在该做某件事的时候，却做了别的事。
9. 能很妥善地安排自己的时间。

好，测试完毕，现在请将以上这些题目的分数相加，并得出拖延测试的总分：________。

下面再让我们看看你的测试结果到底意味着什么。从下表 1–2 中，我们可以得知：如果你的得分在 19 分及以下，说明你是个时常把“要紧的事先做”挂在嘴边的人；如果你的得分在 20~23 分、24~31 分、32~36 分之间，说明你是个平均水平的拖延者；如果你的得分在 37 分及以上，说明你是个时常把“改天再说吧”挂在嘴边的人。不仅如此，表 1–2 还为我们分析了这几类人在总人群中又居于怎样的位置。由此，我们可以粗略地判断，你是那种总把事情推到最后一分钟的家伙，还是那种总喜欢推迟身体锻炼和缴税的家伙。

表 1-2 拖延测试结果分析

得分	你是怎样的人	得分在人群中的位置
19 分及以下	常把“要紧的事先做”挂在嘴边的人	最低的 10%
20~23 分	平均水平的拖延者	最低的 10%~25%
24~31 分	平均水平的拖延者	中间（50%）位置
32~36 分	平均水平的拖延者	最高的 10%~25%
37 分及以上	常把“改天再说吧”挂在嘴边的人	最高的 10%

二、拖延者自画像

通过上面的测试结果，我们可以得知自己得了多少分，又是怎样的人。事实上，如果你在拖延测试量表中的得分越高，那么，你会拖延的概率就越大。

当我们与拖延者进一步接触时，许多拖延者会告诉我们，拖延似乎有其自身的生命和意志，他们将之比拟为乘坐在一辆过山车上，虽然他们想要事情有所进展，但是最终却不可避免地慢了下来，更糟糕的是，情绪也会随之起起落落。

没错，事实上，我们身边的许多人，甚至包括我们自己，都曾有过这样的体验：当我们试图开始一项新的任务，并努力想要完成它时，在这个过程中，我们总会出现一波接着一波的思绪、情感和行为上的波动，而这些波动又总会在有形或无形之中影响我们，并且呈现出诸多共性，我们把这一现象称为“拖延怪圈”。

对于这个现象，每个人都有自己不同的体验。你或许几个星期、几个月，甚至几年都挣扎在这个怪圈中，你或许从头到尾只需要几个小时就经历了一个怪圈。下面就让我们看看几幅拖延者的自画像，从他们身上，看看有没有说中你的。

1.“这次我一定要早点开始。”

对于许多拖延者而言，当他们刚接受一个新任务时，总是信心满满，觉得自己这一次一定会有条不紊地完成好。虽然从内心上讲，很多人并不是非常愿意马上就开始着手或是依然有些力不从心，但是即便如此，这些拖延者还是十分相信：不管怎么样，事情不需要我们做什么特别的安排，终究会自然而然地启动。不过，当一段时间过去之后，这些人就会发现这一次的情况并不比以前好多少，往往在这种时候，之前的希望就又变成了担忧。

2.“我得马上开始。”

在一件事情开始之前，我们都曾抱着早早开始、好好做的幻想，但是，当早点开始的时机又失去时，想要好好做的幻想也随之破灭。于是，我们陷入焦虑，压力逐渐加重，不再盼望自己会自发地开始上手做事。不过，有时候，我们还是会突然感到需要马上得做点什么，但是当我们一想到离最后期限还远着呢，就又抱着一线希望。

3.“还有时间。”

当事情进展到某一阶段，虽然你的内心充满了负疚、惭愧或是欺骗了别人的感觉，但是你仍然试着保持乐观，盼望“缓刑”的奇迹能够出现，你反复对自己说，“我还有时间”，“我可以完成任务”。

4.“我这个人有毛病。”

当早点开始做事的良好意图没有实现，当内心的负疚、惭愧和痛苦无济于事，当盼望的奇迹没有出现，你整个人就会陷入绝望，最开始那种能否顺利完成任务的担忧会变成一种令人生畏的恐惧：“是我……我这个人有毛病！”你可能会觉得自己少了点什么其他人都具有的某些东西——自我约束力、勇气、头脑或是运气，为什么他们能行，你就不行呢？

5.“我永远不会再拖延！”

对于许多拖延者而言，当你接受的任务最终无论是被放弃了还是被完成了，通常会因为如释重负和精疲力竭而几近崩溃，虽说这样的考验历经磨难，但是毕竟都已经过去了，再经历哪怕一次这样的折磨都会让你无法忍受，所以，你发誓从此不再踏入那个怪圈一步，下一次一定要严格按照计划把事情做得井井有条，并且控制好自己的焦虑情绪。如此看来，随着一个放弃拖延行为的坚定誓言，这个拖延怪圈看似就要画上句号。然而，尽管大部分的拖延者会诚心诚意痛下决心，可是，事实上，依然会重蹈覆辙，一次又一次地在这个怪圈中挣扎。

6.“我不开始又怎么样呢？”

当时间再次从我们身边溜走，当你依然没有着手做事，摆在眼前的问题不是如何有一个理想的开端，也不是如何给自己做事的压力，这时，我们会被一种不祥的预感缠绕，而这种感觉甚至会在一个瞬间取代之前所有那些剩余的乐观情绪。此时此刻，当你想到自己可能永远也不会开始，脑海会不由自主地闪现出那些可能会永远毁了你生活的可怕后果。这时，你感到自己正走在瘫痪的边缘，一连串的想法在脑子里打转。

a.“我要早点开始就好了。”当你想起自己浪费的时间，当你意识到时间已经无法挽回，你除了沉痛地责备自己别无他选。大多拖延者站在悬崖边缘时，往往会后悔不已，说出这样的话：“我真是应该早一点开始做事。”

b.“除了这件……我可以做任何事。”除了这件被避开的事情，拖延者往往什么事情都愿意做，无论是整理房间，清洁卫生间，还是尝试新菜式，总之一句话，在这个阶段，要做这些事情的强烈愿望突然间变得无法抗拒起来。这种改变是不是很有意思？想当初，那些事情还没有这么繁重，但是你却避而不做。可是，现如今，你的心情却迫切到了非要马上开工不可，但是你此刻却在做其他一些事情，忙得不亦乐乎，并以此来安慰自己，“好，至少我做成了一些事情！”有时候，那些转移你注意力的事务让你处理得效果显著，以至于你相信在那件事情上你正在大步迈进，但是，遗憾的是，它仍然有待你去完成。

c.“我无法享受任何事情。”对于有些拖延者而言，为了让自己分散注意力，他们往往会选择一些愉快的、立竿见影的活动，可能是看电影，做运动，可能是与朋友们待在一起。虽然他们努力让自己自得其乐，但是在他们的脑子中，事情没有做完的阴影却始终挥之不去。之前感受到的所有快乐很快就会消失得无影无踪，取而代之的是持久的担忧、厌烦以及内疚。

以上这些问题，有没有说中你的？当然，你要是嫌问题少，还可以继续罗列。对于每一次的拖延来说，可能反响都不会太大。然而，若是把这一次次的拖延合在一起，可能就会一点点地蚕食你的幸福生活，甚至让你痛苦不已。

事实上，从所有的拖延过程来看，都存在着一个共同的模式：在一项复杂的工作开始之前，时间都很充裕，当你随随便便地做了一点儿工作，总会觉得没什么能让你全心全意地投入其中。如果这份工作可以被忘掉，或许你早就把它忘掉了。

直到后来的某一天，你终于要认真对付它了，但是突然有一天，这份工作却变成了你不想做的事情，即便你竭尽全力想要把心思都放在这份工作上，可是，总会有什么东西冒出来把你打断，挫败你前进的动力。这时，你无法把工作向前推进，只好把任务向后推到一个比较闲的日子，不可思议的是，你却发现每个“明天”原来都是一样的——不多不少，只有 24 个小时。每天结束的时候，你都不得不面对一个令人焦虑的谜题：“时间都到哪儿去了？”

最后，时间的有限性开始显现出来了。想当初，你毫不在意挥霍的一个又一个小时，现如今，随着截止日期的临近，时间却变得越来越宝贵。你原本想推进某个项目，可是现在却在细枝末节上纠结起来，于是，你周旋于超市购物、煮饭做菜、打扫办公室、清理电子邮箱、锻炼身体这些事情。更为不幸的是，你在心里反复告诉自己，现在不是做那件主要的事的时候，于是，你一再安慰自己说：“我是在做这些事，但是，我至少也是在做准备嘛。”然而，当你打算开始，天色已晚，于是你像往常一样上床睡觉。当第二天的太阳照常升起时，新一轮的“逃避循环”也再次开始了。

直到最后，临近某个极限，随着一样东西“咔嚓”一声响，能量才开始蓄积，你也才开始工作了。可是，这时你悄悄地压缩了某项任务，只保留了其中最本质的部分，因为已经没有更多的时间可以用了。

不过，还有一件事可以让你感觉好一点儿，那就是你不是一个人在承受拖延之苦。一份调查结果显示，大约有 95% 的人承认自己有拖延问题，而其中又有 25% 的人还指出这是他们的一种慢性的、决定性的人格特质。举个例子，回想上一次拖延来袭时的情况，对于下面的问题，你会作何回答？

你知道这项工作会耗费这么长的时间吗？

你有没有意识到自己会为拖延付出这么大的代价？

你有没有预料到，最后一分钟会有多么紧急？

停下手里的工作，老老实实地想一想，你的答案是“对”是“没错”，还是“千真万确”？可是，事实上，诚实的回答竟然如此之难，然而，这就是问题所在。拖延，它无处不在。像重力一样普遍，而且它同样会产生向下的拉力，从早晨几乎要空了的牙膏管，到晚上厨房里快要溢出来的垃圾桶，拖延都与我们同在。

不过，也有一些拖延者甚至会试图把他们那自毁性的不作为装进“经过深思熟虑的选择”的框中。有这样一种人，他们总是推迟工作任务，把更多的时间放在家庭生活当中，这是错误的吗？有这样一种人，他们总是钻进“潜心工作就是成功”的模式中乐此不疲，如果他们的工作时间被剥夺了，就会感到愤愤不已，这是错误的吗？其实，这取决于你是哪类人。然而，要想分辨哪种选择是拖延，哪种是有意的决定，并不容易，或许只有那些拖延者本人才能分得清。

本节要领

在这个世界上，无论什么时候，“停止拖延”都是最常见的行动目标之一。然而，拖延这种习惯，总是会卷土重来。

在处理延迟这件事情上，我们总是为自己找这样或那样的借口，自我欺骗和拖延总是并肩同行。

第三节　拖延症如何而来？是蓄意已久还是突然降临？

一、世界上存在“拖延基因”吗

新年元旦又一次来临了，这是一个可以让你下定决心痛改前非的好时间。但是，经过了彻夜的狂欢，何况电视上还在直播着 NBA 全明星赛，谁还有时间对自己做认真的反省呢？不得不说，拖延，是一个可以唤起我们每个人不同记忆的词。可是，这个世界上莫非真的存在拖延基因这回事？

当我们把时钟拨向 1983 年，从此之后，神经科学领域取得了很多突破性进展，足以有条件让研究者去研究大脑的某个特殊部位以及它们是如何单独和共同运作的。

虽说这些突破性的进展还不足以让我们确信世界上存在着某种拖延基因，但是由于我们对大脑的运行有了更进一步的深刻理解，所以，我们可以信心十足地说：确实有一些生物上的因素会导致拖延症。

在这些因素中，有一些是一般因素，涉及大脑如何随着时间而发展和变化，间接地跟推迟行为相关。还有一些是直接因素，涉及直接导致拖延的一些特殊功能（或是功能障碍）。比如，如果你患有某种程度的执行障碍、季节情绪紊乱、注意力缺失、抑郁症、强迫症、慢性紧张，或者是失眠，在这些情况下，在你大脑中运行的这些生化因素很可能会跟你的拖延发生密切的关联。

在本节的练习中，我们会具体讨论导致拖延的这些特殊功能，在此之前，先让我们了解一下大脑中两大系统的对决，以便大家更好地理解我们的大脑是如何工作的。当然，你也可以运用这些知识来帮助自己克服拖延症。

二、大脑中两大系统的对决

我们的灵魂每时每刻都在进行着撕扯，是理想地计划，还是舒适地享受？举一个例子，当你路过甜品店，在内心“我想吃那块蛋糕，但是我恨我想吃”的挣扎中，你的决心开始崩溃。想必没有谁没有过这样的纠结。这不是你一个人才有的问题，这其实是人类根深蒂固的本性。

数千年前，古希腊伟大的哲学家柏拉图，将这种内心的冲突描述为两匹马同时驾着一辆战车，其中一匹温顺和气，而另一匹则粗野鲁莽，当两匹马一起上路时，难免会东拉西扯。几千年后，精神分析学的创始人弗洛伊德，在柏拉图关于马匹的比喻基础上，将人的内心冲突比作马匹和骑手，前者象征着随心所欲的欲望，而后者则象征着理性和常识。

在这之后，又有很多研究者从不同角度描述过这种分裂的情况，他们各有侧重，运用的术语包括情感与理智、行动与计划、经验与理性、热情与冷静、直觉与推理、冲动与沉思、自发与自控、感觉与认知等。

事实上，大脑被认为是人类科学尚未攻陷的最后一块阵地，而它的活动又实在是太难探究了。不过，撩开大脑的神秘面纱，看看意识是如何运作的，终究是了解拖延的生物学基础的关键。

在大脑科学的最新发展过程中，有这样一个基本的方法不难描述。我们对被试进行类似于功能性磁共振成像（fMRI）的大脑扫描，这样就可以将血流和神经的细微变化过程转变为磁信号。当被试就位后，我们再询问他们设计好的问题，当被试就这些问题作决定的时候，我们就可观察这个过程动用了大脑的哪个部分。如果被试是小威灵顿·温皮，我们就问他："如果今天我给你一个汉堡包，那么，到了星期二，你得付给我多少钱呢？"测试进行到这里，可以肯定的是，电子显示仪上会出现两种内部信息，我们简单地称之为系统1和系统2。

前额叶皮层，该系统具备执行功能，好比企业中制定战略目标的CEO。它让我们能够预想行事的不同后果，在敏捷、决断的大脑边缘系统的配合下，令我们矢志不渝，帮我们做出选择。可以说，这里是计划诞生的地方，越活跃，我们就越有耐心。反之，如果没有它，我们就几乎无法长期追求或长远考虑一件事情，于是，也就造就了拖延症。

而大脑边缘系统，则是最早进化形成的，它作起决定来毫不费力，仅靠本能激发行动，它所管辖的是此时此地，是眼前的和具体的事情。因此，相比较晚进化形成的前额叶皮层，大脑边缘系统在作决定时更为灵活。不过，当大脑边缘系统被当前的视觉、嗅觉、听觉或触觉刺激之后，冲动就会增强，"当下"就会胜过一切。于是，我们就会把前额叶皮层制定的未来目标抛到脑后，虽说我们知道该做什么，但就是不想做。不仅如此，大脑边缘系统的自发运动简直快如闪电，难以被意识控制，于是，我们常常莫名其妙地、出其不意地被欲望淹没。而且，除了口口声声说“我想要”之外，这些被内心强烈渴望控制的人，对自己随后的行动完全说不出个所以然来。

由此看来，当大脑边缘系统为了眼前目标而否决前额叶皮层的长期规划时，拖延就发生了。由于大脑边缘系统掌管着我们的原始冲动，一旦眼前的事物受到大脑边缘系统的重视，就会变得格外诱人，于是我们的注意力就会转移到我们看得到、闻得到、听得到、摸得到，以及尝得到的即时感官享乐之上，而之前的截止日期完全被抛到了九霄云外，直到它逼近，横亘在眼前，大脑边缘系统才会如梦初醒。

这么说来，一旦最晚进化形成的前额叶皮层妥协了，拖延也就产生了。而前额叶皮层越弱的人，就越没有耐心。举一个例子，你家里有宠物或是小孩吗？从本质上看，这两者都是受大脑边缘系统控制的，而我们成人就是他们体外的前额叶皮层。要么他们的前额叶皮层还不算发达，要么他们的前额叶皮层还在发育中，于是，我们就得耐心地尽力帮助他们培育这个系统。

如果你是一个有孩子的人，对于这一点，想必非常清楚。我们不需要什么生物学的专业知识就可以知道，小小的婴儿不可能为了将来的好处而搁置眼下的需求。你若是试着让一个嗷嗷待哺的宝宝再忍耐一会儿，就知道我说的是什么了，如同成人一样，当宝宝的需要得不到满足时，总是表现得非常无情。渐渐地，随着孩子的日益长大，随着前额叶皮层的日益发育，他们终于能够耐住一小会儿的性子了。虽说你早已无法要求婴儿饿了不吃东西，但是你大可为自己教会了正在学走路的宝宝在请求他人帮助之前说个“请”字而沾沾自喜，而这一切的变化皆源于前额叶皮层的发育。

通常来说，前额叶皮层的发育成熟需要看护人的耐心教导，需要看护人的反复叮嘱：甜点要饭后才能吃，圣诞礼物必须等到圣诞节才能拆，玩具必须和别的小朋友分享等，而这些悉心的教导也令前额叶皮层有了更进一步的发育，从而让孩子对大脑边缘系统的依赖性一点点地减轻。

不过，令人遗憾的是，看护人充当孩子体外前额叶皮层的角色将会持续很久，直到他们自控力的生理基础打牢了才行。这时，看护人才不会担心那些对孩子特别具有诱惑力的冲动惹的祸，比如，酗酒、小偷小摸，当然，还有拖延。

直到有一天，随着孙辈的到来，事情又要发生变化，而我们的角色也将完全对调。与我们一同老去的还有我们的大脑，而前额叶皮层的退化尤为明显，相比年轻时的利落劲儿，大多数人在暮年时的情况都会表现得非常糟，此时的我们竟然变得和自己的孙辈一样脆弱。看来，当我们年老体衰时，孩子的爱很可能才是我们与这个世界的唯一联结了。

三、潜伏记忆的影响

如果我们询问拖延者是什么因素将他们带到拖延这条路上，我们免不了会听到这样的回答：“我们生活在一个竞争社会，无论何时，别人都期待你有完美的表现。面对这么多的压力，我们无法及时应对。”

很显然，在通往成功的道路上，我们的确处于诸多要求的轰炸之中，这占据了我们全部的时间和空间。而且身处这个世俗的时代，人们对成功的定义也往往与金钱、权力、声誉、美貌和才华挂钩。可以这么说，成功就是用完美这个词加以定义的。不过，在这条金科玉律的背后却暗藏着这样一个潜台词：“如果你没有拥有所有这一切，那么你肯定哪里出了问题。”

话又说回来了，现代社会步伐匆匆，在事事高标准、严要求的境况下，我们中的很多人躲进拖延的避风港，这难道有什么不可理解的吗？但是，除了身处高压力、高要求的社会这个原因之外，一定还有什么原因会造成一个人的拖延。如果身处现代社会是拖延的唯一原因，那么每个人就都成了拖延者了。

也有很多人在面对社会压力的时候呈现出其他一些苦恼的症状，比如工作狂、抑郁症、酗酒、吸毒上瘾和恐惧症；同时也有人在全天候的压力下却能茁壮成长。为了帮你更好地理解你为什么会选择拖延作为你应对压力的基本策略，我们希望你在个人生活中找找原因，看看拖延在你的生活中是什么时候开始出现的。

还记得你的第一次拖延吗？那是怎样一个环境？你是读小学还是中学？结果怎样？你当时的感受又是什么？事实上，无论你从什么时候开始拖延，只要开始了，就很难停止。拖延除了作为一种自我保护的心理策略之外，也源于你对生活的一些顽固信念。生活中，我们一再听到这样一些观念，我们称其为“拖延者信条”。

我必须要做到完美。

我做每件事都应该轻而易举。

什么也不做比冒失败的风险更安全。

没有什么是我无法做到的。

如果不把事情做好，那么它根本就不值得做。

我必须避开挑战。

如果我成功了，有人就会受到伤害。

如果这一次我做得很好，那么每一次我都应该做得很好。

我不能承受失去任何人或任何事物的事实。

如果我展现真实的自己，人们不会喜欢我的。

我相信总有一个正确答案，我将一直等待，直到发现它。

也许，这些假设你听起来很可能非常熟悉，也可能并不知情，要知道，它们是通过你的潜意识而运作的。但是不管怎样，这些假设并不是绝对的真理，它们只是为拖延开道的一些个人观念。如果你是一个追求完美的人，那么你宁愿选择拖着，也不愿努力做事，不愿冒风险被人评判你的失败；如果你自认为成功是危险的，那么你宁愿通过拖延来保护自己和他人，以此降低自己把事情做成的概率；如果你把合作视为屈服，那么你宁愿一直把事情拖着，直到你觉得自己已经准备才去做它，以此来维护自己的掌控感；抑或者，如果你认为人们不会喜欢真实的你，那么你宁愿利用拖延这种方式来保留你自己的想法，并跟周围人保持一个安全的距离。

从本质上看，这些信念反映了拖延者的一种思维方式，那就是阻止自己取得进展，而潜藏在拖延者内心深处的自责、害怕以及灾难性的想法，也终究难以让他们越过日常生活中不可避免的困难。事实上，只有拖延者意识到自己的思维方式是不现实的，才是克服拖延的第一步。

虽然拖延者要为此忍受自责、自轻以及对自己的反感，并且这一切对他们而言是相当痛苦的，但是比起去看清真实的自我所带来的脆弱和无地自容，这样的感受或许更能让他们承受得起，摘掉保护他们的盾牌——拖延。

第四节　要自己的思想占主导地位，做真正的自己

在这一节，我们要考察几种跟拖延症有关的身体状况：执行功能障碍、注意力缺失紊乱、压力、抑郁、焦虑、紧张和睡眠问题，而且它们都具有一定的生物性基础。如果你具有或是认为自己具有任何一种这样的状况，它们就极有可能对你的拖延症产生重要的影响。请不要绝望，也请不要忽视它们。

一、执行功能障碍

我们都知道，一个企业的首席执行官负责着整个企业的运转，而人体的大脑就好比整个人的首席执行官，负责从我们的感觉、历史、思想中获取信息，并进一步有目的地运用这些信息，从而使我们能够完成一些很重要的事情。

就像一家各部门运转良好的公司可能由一个不够胜任的首席执行官领导着一样，一个各方面运转都正常的大脑也可能会缺乏全局的领导力。

对于一个执行能力低下的人而言，无论他具备多好的个人素质，都可能在重要的生存技能上有所缺失。事实上，在你身边，从来就不乏这样一些人，尽管他们总是给人聪明过人的感觉，但是他们却往往处于“致命的无序”状态，他们手头似乎从来没有准备好的论

文或是材料，他们不记得计划是怎样安排的，他们每完成一个任务常常不知道下一步该怎么走。

这样的无序状况是不是似曾相识？实际上，这样的无序状况常常会导致拖延的发生，因为一旦深陷其中，势必会失去对时间框架和最后期限的把握，也因为无法确定该做些什么必要的事情而让自己无比沮丧，最终只好选择放弃。

可以肯定的是，一个有执行功能障碍的人常常会有拖延方面的问题，但是，并非所有的拖延者都会有执行功能障碍。所以，从现在起，你必须认认真真地考虑一下，自己的拖延症是否跟执行功能障碍有关。

考虑这个问题之前，先让我们澄清一个概念，那就是执行功能到底包含哪些能力。尽管对此问题大家看法不一，但是其中几个基本要素，大家依然意见一致，这些能力包括注意力控制、认知弹性、目标设定和信息处理，而这些要素又可以进一步划分成以下功能：

（1）启动任务（起始，产生行动的想法）。

（2）保持注意力（跟进，专注一个事项）。

（3）抑制冲动（行动前要学会思考，而不是马上反应）。

（4）转换注意力（把你的焦点从一个事项转换到另一个事项，并且有弹性地加以回应）。

（5）流程记忆（牢记计划、指令和以前学到的知识，以便在学习新知识和应对新环境时，可以用得到）。

（6）情绪控制（学会调整和管理你的情绪）。

（7）组织材料（获取所需材料，并编排好次序）。

（8）自我监测（具备自我评价的语言能力，以便在需要的时候，通过自我交谈闯过难关）。

（9）时间管理（用技巧、技术和工具完成工作，实现目标，对于人生的意义就是帮助人实现健康、财富、快乐和爱）。

（10）计划（遵循次序考虑问题，找出达成目标的步骤，提前为日后需要做好准备）。

好，看过这个列表，你是否对其中一些项目有一种似曾相识的感觉呢？常常遗忘计划要做的事情，哪怕五分钟之前你才作了这个决定？常常因为找不到自己所要的东西而经常迟到？常常心急火燎地找一些东西而赶不上时间进度？常常被别人“你在想什么”的问话而搞得不知所措？

如果你在执行功能上发生了问题，不妨听听下面这个建议：先找到一个目标，然后将其分解成几个小步骤，并且学习记录时间，优化周围环境，使之向有利于成功的方向推进。在此过程中，我们还会建议你找一个友善并且具有优秀执行能力的人作为你的伙伴，要知道，任何人都很难在执行功能障碍的问题上学会自己开导自己，这是至关重要的一步，对你十分有帮助，一定要切记。

二、注意力缺失紊乱

在过去 25 年中，注意力缺失紊乱症（ADD）以及它的各种变型受到科学以及临床上的广泛关注。虽然几个世纪以来，从一些来自不同文化背景的儿童身上，我们发现了某些相同的症状，比如，“躁动”“无礼”“野蛮”“乖戾”“过分热情”“耽于幻想”，或者“说话滔滔不绝”“迷失于思绪中”，但是，直到最近几年，我们才了解到原来在这些行为背后存在着一定生物上的起因，并且与一些生物酶作用物有关。

具体到 ADD 的症状，最典型的是核心注意力分散、冲动和躁动不安，这并不是说我们每个人时不时就会经历到那种注意力分散，而是指不能专注、融入或者记住，哪怕当事人有这样的意愿。但是，当我们说某个人注意力分散、冲动或者是躁动不安的时候，又究竟意味着什么呢？

多年以来，巴克立博士一直致力于 ADD 研究，他相信 ADD 的根本问题在于一个人没有抑制能力。也就是说，对于 ADD 患者而言，他不能运用时间上的自我控制来抑制他自己对当下时刻的反应。举一个例子，对于上课、完成作业这些事，一般人会这样想：“我想在地理课上取得好成绩，所以我必须完成这份作业，以便明天及时交上去。”而一个 ADD 学生则是这样想的：“这简直太无聊了！我不想做作业！”然后，他就会找一些更有趣的事情来做，这就是拖延。

事实上，抑制是大脑的一项主要功能，正是因为我们能够抑制自己即时的反应，延迟某些满足，所以，我们才能控制住自己的冲动，跨过一个个难关。当然，也正是因为这种抑制能力，我们才感觉到自己能够自由抉择——面对即时刺激，可以做到不去理会，或者是稍等片刻，想一想，再选择做什么以及怎么做。相反，如果一个人不能有效抑制自己的行为，最终只会成为冲动的牺牲品。

巴克立博士还注意到，ADD 患者往往对环境刺激有过度反应。我们都有过这样的体验：每过几秒钟时间，我们就会将视线转移到其他事物上，或是调整身体姿势，或是产生了不相关的念头，注意其他的声音或感觉。一项测试表明，在一般人没有注意到的情况下，有 15%~20% 的时间，我们的思想都是在开小差，而且随着年龄的增长，注意力也非常容易分散。但是，对此问题，一般人往往能很快地收回注意力，而 ADD 患者却不是那么容易。对于 ADD 患者而言，维持注意力是一件非常困难的事情，因为维持注意力也是一种保持抑制的能力。

如上所述，如果你患有 ADD，那么你很可能会有一个与常人运作方式不同的大脑，相对而言，你得拖延症的可能性就会越高。这种时候，采取正式的药物治疗或是找一份需要你全身心投入的工作或活动，也许可以对你产生更好的效果。

三、压力对人的影响

当我们深陷拖延的泥潭，总会有这样的感受：一旦事情不断往后拖，就会令人处于高度的压力之中，此时的你，很可能会为该做而没有做的事情担忧着。但是，就算你赶上了最后期限，终于可以上手做事情了，那种最后关头的紧张感还是会不断加重你的压力。事实上，慢性拖延就意味着慢性压力，这对我们的大脑和身体是极为不益的。

现在让我们从科学的角度，看看压力反应是如何产生的。我们都知道，当狮子逼近猎物时，居于弱势地位的猎物就会迅速逃离到安全区域。而当我们的生存受到威胁的时候，压力反应的存在就可以让我们快速行动起来，从而保护我们免遭危险。

事实上，在我们大脑里有这样一个部位——下丘脑，它会触发一个警报系统，使我们心跳加快，血压升高，能量被激发，与此同时，还会分泌出大量的肾上腺和皮质醇。然而，我们的身体要想从这种自我保护的能量释放中得到恢复，还需一定的时间，换句话说，我们还需要一个休整的机会，这就好比为了第二天能够有一个充沛的精力，我们都需要晚间的良好睡眠。

可是，现实又是怎样呢？每当最后一个期限终于了结了，我们往往又会担心下一个：明天的考试、贷款抵押、跟朋友的一次争执、下个月的绩效考核、折磨人的身体疼痛，总之，每一天，每一刻，我们都感到压力重重。于是，在这个时刻迈着紧张步伐的竞争社会，城市的密集人口、上下班高峰的交通拥堵让我们几乎喘不过气来，为了诸多理由，我们更是不允许自己获得充分的休息时间。然而，不幸的是，当一个人长期处于慢性压力之下，身体就会不断地产生一种压力荷尔蒙，久而久之，这种压力荷尔蒙就会破坏我们大脑的某些重要结构。当这些大脑结构被破坏得越严重，我们脑细胞的修复能力和刺激新神经生长的能力就会变得越差。

然而，当我们迟迟不肯行动的时候，这种压力感还会越发地膨胀。当我们不能及时完成任务，我们就会预感到，我们会受到批评，最糟糕的事情正等着我们，甚至于我们还会为引起他人的失望、不便和恼怒而感到内疚。不得不说，此时的我们早已深陷一个恶性循环：拖延产生压力，而压力又会导致拖延。事实上，当我们承受生活中的重重压力时，做任何事情所必需的创造性能量就会减少，当然，也更谈不上享受做事的过程本身了。

四、抑郁症：倾向与变种

无论是哪种程度的抑郁症，都具有这样一个共同点：当你被抑郁所困时，会感到极度的能量不足，对什么事都没有兴趣，不愿参与。看看身边那些深陷抑郁之苦的人，往往在很多重要的事情上拖沓不前，没有刷牙的力气，出去散步成了一件不可能的事情。

当一个人对照顾好自己的身体都变得毫无兴致时，对生活也自然会感到无望。此时的你对前途一片茫然，所以为了得到提升而努力工作就会显得毫无意义；此时的你自认为没有人会关心你，所以对你而言，给朋友打电话简直就是多此一举。

虽说随着医疗技术的进步，抑郁症的大部分症状会随着时间的推移而逐渐好转，但是除了抑郁本身会让你在将来更容易陷入其中之外，抑郁症的代价也是极大的：抑郁以及伴随它的拖延不仅会影响你的自我感觉，而且还会对你的工作、学业、身体健康和财务状况造成极大的影响。另外，研究还显示，抑郁症会永久性地改变大脑的某些结构，比如大脑的海马区域，抑郁症越严重，拖的时间越长，对人体的神经元及神经结构的损害就会越大。

而且许多研究显示，抑郁症越严重，就越需要药物疗法和谈话疗法的双管齐下。也许，有人要质疑了，“难道有规律的、温和的有氧运动不能减轻抑郁症状吗？”试想一下，当一个人只想着睡觉这件事的时候，又怎么能说服自己去锻炼身体呢？所以，为了有充足的能量和一定的希望，以便采取必要的步骤来结束拖延状况，我们必须先治疗抑郁症。

总而言之，无论你处于怎样挣扎的状态，在你所经历的拖延症背后，总会有某些生物性因素在起作用。在你拖拖拉拉的时刻，可能你的大脑正侦测到了某种危险。从某种程度上，我们可以这么说，拖延实质上是你的本能反应和自我保护。当一个人的大脑遇到麻烦了，比如，执行功能紊乱或是注意力缺失紊乱，所以才引起了拖三落四的问题。与抑郁症的情况一样，拖延症也很可能反映了你的大脑在罢工。

尽管人类的足迹已经能踏上外星球，但大脑依然是最难解释的科技之谜。之所以说这些，目的只有一个，不管你处于怎样的境况，如果你对大脑是如何运作的有着更多的了解，这势必会帮助你以更加仔细和敬畏的心态爱护自己的大脑，甚至取得令人激动的新发现。

本节要领

在本节，我们考察了几种跟拖延症有关的身体状况，如果你具有或者认为自己具有任何一种这样的状况，它们就极有可能对你的拖延症产生重要的影响。在处理这种事情上，请不要绝望，但是也不要忽视它们。

从现在起，请对你的大脑是如何运作的，持有一种更加仔细和敬畏的态度吧。

第五节　剖析三大拖延类型，把脉除根

一、各不相同的拖延者

生活中，我们总会遭遇他人的拒绝。这里所说的这位主人公，名叫阿华，他是一位销售专员，从他第一次走上工作岗位，就注定与拒绝为伴。

虽说大学念书时，他就早已对此心中有数；虽说参加工作后，他已参加过一些销售岗位的培训讲座；虽说他也多次拜读过业界前辈的相关书籍，心中坚持“我可以做到！我会成功！”这样的信念。

然而，当一个个没有业绩的日子从身边溜走时，他只要盯着电话，内心就会充满恐惧。那一刻，他满脑子装的无不是对方一次又一次的拒绝。失败的多了，他难免会问自己：“这一切究竟有什么意义？”这一次，极度沮丧的阿华一直拖着不打客户的电话，直到老板进来检查时，发现了问题。最终，阿华推迟工作的习惯也为他的销售生涯的终结埋下了种子。

看着电脑屏幕，脑子却一片空白，这样的经历，你有没有？从下面这位女主角—阿美的身上，是不是能找到你的些许影子。

她盯着屏幕，知道那上面应该写点什么，而且是她自己写出来的，但是，眼看着时钟嘀嘀嗒嗒地溜走，屏幕上依然什么都没有。

她开始质疑自己到底怎么了，“以前又不是没写过，为什么？为什么？……”无论怎么样，这篇明天一早就要交的文案就是让她脑袋空空的。她想，“不行，无论如何，也得在键盘上敲点儿什么出来！”结果，看着一行毫无意义的字符出现在屏幕上，她想，“还不如不写”。

“无聊了这么久，休息一下吧。”于是，她开始浏览一个朋友发给她的品牌折扣店的网站。之后，她又看了一些音乐视频，发现了一个讽刺当下电视节目的网站。于是，她一激动，把链接发给了她的网友。很快，她的几位网友又给她发来了许多更有趣的视频。

不知不觉，几个小时过去了，此时的她，似乎变得更加沮丧，灵感也更枯竭了。一想到一天就要过去了，她就赶紧写，但是最终写出来的东西，在她看来简直就是一堆垃圾。

“度假计划终于搞定了！”阿彬伸了个懒腰，美美地蜷缩在沙发里，出国游的机票是拿到手了，但是他还没订酒店，“什么时候订酒店都可以嘛”。阿彬依然沉浸在刚才的喜悦中。然而，什么时候都可以做的事情往往就是什么时候都不会去做的事情。

不知不觉，几个月过去了。阿彬把订酒店这件事情一推再推，后来干脆全忘了。没错，总有一些事情需要我们立刻就做，对于阿彬而言，电视节目更是他的最爱。最后，当阿彬开始考虑收拾行李时，却想起来已经没办法再推了，时间已经太迟了。于是，他赶紧上网，可是，可以订的酒店却很少，无奈之下，他只好匆匆订了一个。

当飞机降落到异国的时候，眼前的情况与阿彬希望的完全不一样。酒店离海滩很远，房间的洗手间脏得不得了，酒店的食物甚至都可以把人毒死……

如此看来，阿华、阿美和阿彬都是拖延者，只是因为不同的内在原因而引起的拖延。事实上，拖延的原因多种多样，这就好比一辆车之所以会停驶，可能是因为没油了，可能是因为爆胎了，也可能是因为电池没电了。如果你弄清楚为什么阿华、阿美和阿彬会推迟他们各自的任务，也就领会了本书的精华。

二、你是哪种拖延者

1. 测测你的拖延程度

看过上面的故事，你是不是觉得自己和阿华、阿美或阿彬中的任意一个人很像？或者是三个人的混合？在下表1-3的测试中，你需要在以下问题中填写符合你情况的答案。计分方式如下：回答“我就是或总是这样”计5分；回答“我时常这样”计4分；回答“我有时这样”计3分；回答“我很少这样”计2分；回答“我不会或极少这样”计1分。然后，再把每道题目后对应的分数相加，即得出总分。

表1-3 你是哪种拖延者

题　　目
（1）能够投入大量的时间做一件事情。
（2）理解工作任务本身就会打败你。
（3）开始一项任务之前，暂时会做点让你感觉轻松的事，不过接下来的情况很可能会一团糟。

（续表）

（4）一旦全身心投入，就能有所成效。
（5）你希望你的工作很有趣。
（6）你会选择一些看上去很有意思的新任务，但是不会去想接下来会如何。
（7）你觉得足够努力了，就会获得成功。
（8）你觉得工作似乎毫无意义。
（9）当诱惑摆在眼前时，你的渴望会变得非常强烈。
（10）你相信只要努力了，就会有回报。
（11）工作让你觉得无聊。
（12）你的言行让你暂时有了一种愉悦感，却对长期目标不利。
（13）做事能坚持到底，而且懂得变通。
（14）对持续的尽职尽责，总是缺乏热情。
（15）面对一件有吸引力的分心事，很容易转移注意力。
（16）不管遇到什么问题，最终都会搞定。
（17）当你觉得一项任务特别乏味时，就会不断地做着白日梦，而没有将注意力集中在这项任务上。
（18）当出现享受的机会时，你很难享受。
（19）你会通过必要的努力克服困难。
（20）你不认为自己的工作很有意思。

（续表）

（21）你宁愿选择虽小但立即可以得到的快乐，也不愿选择大点儿的但等一会儿才能得到的快乐。
（22）胜利尽在控制中。
（23）如果你觉得一件事情很无聊，就会想别的事。
（24）要推迟满足，就要花很多力气。

好，测试完毕，现在请将以下序号的题目的得分加一下。

阿华的计分表 =1+4+7+10+13+16+19+22=____

阿美的计分表 =2+5+8+11+14+17+20+23=____

阿彬的计分表 =3+6+9+12+15+18+21+24=____

如果你在这三个人的计分表中的得分为 24 分或以下，那么，你可以说是找到知音了，因为你们真的很像。

2. 拖延行为揭秘

故事中的阿华、阿美和阿彬分别代表了动机的三个基本元素：期望、价值、时间。如果你抓住了他们各自情形的核心所在，也就理解了拖延代表了什么。接下来，我们就借助这三个人物，具体看看这几个部分是如何凑成拖延这个概念的。

低期望的阿华

对于销售行业来说，拒绝就是这种工作的一个组成部分，想必很多销售人员都曾有过阿华这样的经历，一旦被冷水浇得多了，就会发现自己再也没有动力继续了。事实上，只有那些具备超强复原能力的人，才能从这种无情的打击中东山再起。那么，究竟是什么侵蚀了阿华的激情与动力，导致他一次次拖延呢？

这一切难道不是“期望”，那些他期望会发生的事情惹的祸吗？可以肯定地说，高期望构成了自信和乐观主义的核心，但是一旦你开始相信目标无法达成，你就会停下积极争取的脚步。最终，在你屡试屡败之后，你在评价自我时就会不同意这样的说法：“我相信我的努力会有回报。”或是依然像当初一样，抱着“胜利在我的掌控之中”的信念，而此时的你又何尝不是那个低期望的阿华呢？

曾经有 39 项、涉及近 7000 名被试者的研究发现，虽然有些拖延与过度自信相关，但是更多的原因却是自信心不足。通常，拖延者往往表现得极度不自信，尤其是当他们面对那些一再推迟的任务时，更是如此。其实，如果一个人总是拖着不去通过锻炼身体或是调整饮食来改善健康状况，那么很可能是因为这个人质疑自己能否坚持下去；如果一个人总是拖着不做功课，那么很可能是因为这个人觉得功课实在是太难了；如果一个人丢了工作，那么很可能这个人就会拖着不去找工作，因为他还在怀疑自己到底有没有可能被雇用。

积极心理学运动的领军人物——马丁·塞利格曼，在一项研究中揭示了缺乏自信或缺乏乐观与拖延之间的联系。该研究还解释了为什么人们在患抑郁症期间，推迟作决定的情况会比平常多得多。而自信的减少更是一种潜在的原因，让人难以将全部精力都投入到任何需要投入的工作中。对于低期望的阿华而言，或许很长一段时间都处于“世界与我为敌”的状态中，可是，这些限制性的信念会慢慢内化，甚至还会长久地伴随着他。最后，我们越期待失败，事情反倒越来越拖，结果真的失败了。

没有价值感的阿美

阿美的心路历程，想必很多人都曾切身体验过。事实上，每个人都可能会对自己不喜欢的东西拖着不做，而你眼前推迟不做的杂事很可能就是你不喜欢做的。有这样一个术语，可以测量这种享受的程度，那就是“价值感”。通常来说，如果一项事务的价值感对你而言越低，你就越难启动。相比处理自己的税务问题或是打扫房间，你宁可选择和朋友喝喝茶、聊聊天。

由于无论是谁都想推迟自己厌恶的事情，所以，一提起大扫除或是看牙医，总是会有人拒而远之。比如，锻炼身体在很多人眼里是件不折不扣的麻烦事，所以，近七成的人在办了健身卡以后，往往会选择随意丢弃。再比如，很多人觉得圣诞节大采购就是件烦心的事，所以，每当时钟拨到圣诞节的前一天，永远都是每年购物最疯狂的一天。

当然，虽说人们都会觉得某些事情特别讨厌，但是具体哪些事会导致拖拉也是因人而异的。所以，在有些人家的厨房里堆满了没洗的盘子，储药柜里塞满了过期的药。而有些人家的冰箱空空，需要加点儿食物；有些人家则客厅空空，需要来几位座上宾。

冲动的阿彬

相比阿华的低期望和阿美的低价值感，阿彬拖延的理由才是拖延的核心所在。在截止日期到来之前，他找不到动机去做这件事，于是，他在每次想要行动的时候都会分心去做别的。直到最后，当他终于选择着手做事情了，才明白真应该早点儿行动，否则他也不会遭受因为下手太晚而带来的折磨。

同样，如果你也有拖拖拉拉的毛病，就会非常了解阿彬当时的处境。想必你也会承认事情之所以变得一团糟，完全是因为自己在一项任务开始之前，就选择了做暂时轻松的事，或者选择了小一点儿但最起码当下就能得到快乐，而不是大一点儿但还要等一会儿才能得到快乐的事。事实上，影响你决策的最大因素不是它可能或确定带来的好处，而是时间。在有些事情上，你更看重那些即刻就能兑现的回报，而非那些需要你久久等待的许诺，答案很简单，只是因为你冲动。

从上文我们可以得知，冲动与拖延的联系最为密切。而基于数十项的研究表明，冲动以及人格特质中的责任感低、自控能力低和容易分心，都是拖延的核心所在。其实，如果对冲动的一些特质做一番观察，就不会觉得诧异了：强烈的欲望，缺乏谨慎与保守的态度，以及无法对事情做出全盘预测。事实上，那些无法控制情绪的人，那些做事不经大脑的人，那些任由冲动做事的人，都是拖延的人。

除此之外，时间本身也可能增加了冲动和拖延之间的联系。对于明天将要达到的目标或是要操心的事情，我们往往更倾向于用抽象的，也就是用更宽泛、更模糊的语言来理解。不过，当我们看待今天的目标或是任务时，则会表现得更具体，也就是说会有更多的细节。比如，还是以锻炼身体为例，“锻炼身体”这个宽泛的目标就不像“跑一个小时步”的动机强烈。同理，以抽象语言描绘的行动或目标（如“取得自我进步”），就不如用具体语言描绘的目标（如“读这本书”）更容易让人立刻着手去做。事实上，现实生活中，由于我们习惯用抽象的语言来构建长期目标，所以我们更容易延迟不做，直到它们变成了短期目标才开始具体地思考。

总之，只要你愿意，就能体会到时间是如何影响你或抽象或具体地看事情的。在很大程度上，我们之所以拖延，恰恰是因为我们看待当前时更具体，而看待未来时更抽象的缘故。

本节要领

在这一节，我们帮你了解了为何会非理性地推迟事情，以及拖延为何会如此普遍。

期望、价值感和时间，是导致拖延的基本因素。

第六节　拖延症带来的恶果：招招致命

一、拖延者的悲惨生活

在回答拖延症到底会给我们带来怎样的恶果之前，先让我们看看下面这位人物。

他是19世纪浪漫主义时期的伟大诗人之一，他原本可以成为这个领域的一名佼佼者，但是最终他却以其经久不衰的名声和病入膏肓的拖延而独树一帜，他就是文学史上的柯勒律治。

在柯勒律治的诗篇中，尤其是最著名，并且至今仍在英国文学课堂上广为学习研究的篇章中，我们都能看出拖延的痕迹，像《忽必烈汗》《克里斯德蓓》最终都以残篇（也就是未完成的作品）的形式发表，而此时距他动笔已长达二十年之久。在他的诸多作品中，虽说《老水手行》是完整的，但是也迟了5年才予以付印。

关于柯勒律治的拖延问题，他的家人、朋友，甚至他自己，都注意到了。他的一位当编辑的外甥曾写道，“我的叔叔是一个拖延习惯的受害者”，柯勒律治也曾这样描述自己——“一种在我的道德本性中深入而遍布的疾病……热爱自由、乐于顺其自然，这一切都是它的结果，而不是原因”。

然而，对柯勒律治的拖延问题，描述最到位的莫过于他的好友托马斯·德·昆西。和柯勒律治一样，这位好友也具有拖延倾向，而且有着严重的毒瘾。正如他在书中所写的那样："如今，我已渐渐明了，过度的拖延是（或已经成为）柯勒律治生活中的一个重要特色。那些认识他的人，想必没有谁会指望他遵守约定。而那些邀请他参加各种活动的人，尽管相信他的本意是一如既往的真诚，但是没人会把他对未来的保证当回事儿。"

看来，柯勒律治的缺陷就是拖延。不过，他的辩解却是极富传奇性。通常，在他的书信中，最常见的就是致歉语。曾经，一位不幸的出版商"提前"买下了柯勒律治的一本诗集的版权。在给这位出版商的信中，柯勒律治声称，当他回忆自己吸食鸦片产生的梦境时，曾被"一个来自波洛克的人"打断，从此之后，不可恢复，而这个梦境恰恰是《忽必烈汗》一诗的基础。于是，这首诗只写了 54 行，而并非事先计划的 200~300 行。

那么，拖延又给柯勒律治带来什么影响呢？作家莫莉·雷菲布勒在《鸦片的束缚》中曾这样描述柯勒律治的拖延行为："他的存在变成了一长串连绵不绝的拖延、借口、谎言、人情债、堕落和失败的不快经历。"不仅如此，柯勒律治的健康状况也是一塌糊涂，而鸦片成瘾又加剧了这种恶化程度，可是，他却整整拖了 10 年才去接受治疗。

当截止期限越来越接近时，那种前所未有的压力更是极大地削减着柯勒律治对工作本身的乐趣，无奈之下，他说："一想到我必须加快步伐，写作时最惬意的时光就戛然而止。”最终，柯勒律治失去了仅有的几个朋友，而他的婚姻也因为拖延而告吹。

二、拖延症是否夺走了你的财富、健康和幸福

1. 拖延夺走了什么

为了研究普通人的拖延习惯，有人做过这样一项调查，该问卷调查收集了近 4000 份的回复，针对人们在 12 个主要领域内的拖延程度大小，并对最成问题的领域进行了排序，调查结果如表 1–4 所示：第一列是所要调查领域的分类；第二列是人们的平均拖延指数（其中，“2”意味着“很少”，“3”意味着“有时”，“4”意味着“经常”）；第三列是将该领域列入“最成问题的三个领域之一”的人数比例。

表 1-4 拖延排行榜

12 个主要领域	平均拖延指数	将该领域列入“最成问题的三个领城之一”的人数比例 /%
健康：锻炼、节食、疾病防治（如健身和减肥问题）	3.4	42.2
事业：工作、就业、谋生（如加薪和跳槽问题）	3.3	56.8
教育：学业、学习、提高成绩（如准备考试、拿学位）	3.3	32.9
社区：志愿者活动等（如参加志愿者活动）	3.2	12.1
感情：爱情、约会、婚姻（如约会、分手问题）	3.0	24.0

（续表）

理财：理财决策（如拖延支付账单、节省购物计划的开支）	2.9	35.9
自我：提升自我能力、态度和行为（如拖延读书、改变自己）	2.9	29.6
朋友：和亲密朋友的沟通（如拖延与朋友的聚会）	2.7	23.5
家庭：和父母与兄弟姐妹的沟通（如拖延和家人共进晚餐）	2.7	18.9
休闲：运动、娱乐、业余爱好（如拖延旅行）	2.7	11.4
信仰：宗教、哲学、生命的意义（如拖延去教堂、寺庙等地方）	2.5	8.5
育儿：和子女的互动（如拖延和孩子一起共度时光）	2.3	4.1

2. 找到你的问题点

请大家注意上表中最后两列数据都偏高的领域，这些正是我们要关注的焦点。可以肯定的是，拖延给我们的学业、工作和个人生活带来了很大的痛苦，尤其是在与健康相关的领域。在所有被调查者中，有近九成的人承认自己在三个主要领域中的至少一个存在问题，而 9% 的人则认为自己在所有的三个领域中都存在严重的问题。

不仅如此，通过该项调查研究，我们还发现了这样一个规律：人们的拖延习惯存在着某种固定模式，大多数拖延领域要么聚集要么成组地出现。比如，很多在理财方面有拖延倾向的人也在学业等可能提升职业前景方面存在一定程度的拖延（即领域 2、3 和 6）。换句话说，如果你在这三个领域的其中之一遇到了困难，那么在另两个领域中，你也很可能会感觉问题重重。事实上，从调查结果来看，这一关于“成就”的问题集群是最普遍的拖延类型。

第二大拖延集群则主要聚焦在“自我发展”方面。不妨想一想，如果一个人总是推迟他的健康事务（即领域 1），那么，在精神追求、休闲活动以及自我提升计划（即领域 7、10 和 11）这些方面，他也势必会存在拖延倾向。与此同时，这个拖延集群也和社交生活、社区参与或恋爱经历（即领域 4 和 5）相关。由此看来，这的确是一个覆盖面最广的集群。

最后一个集群，我们将其称为“亲密关系”，该集群将朋友、家庭和育儿统一起来。在所有的被调查者中，我们发现了这样一个值得庆幸的现象：那就是只有极少数的被调查者认为他们在养育子女的问题上有拖延倾向。事实上，对于绝大多数家庭而言，照顾子女往往有着一种迫切性，这件事情本身所蕴藏的能量远远超过其他一切阻力。

由此，我们可以得出这样一个结论：你的拖延领域落在成就、自我提升和亲密关系中的哪一个集群，决定了你将为拖延付出什么样的代价，因为这三个领域最终表现为三种主要的损失：财富、健康和幸福。

如果你是一个推迟“成就”集群或其中的职业、财务方面的人，那么，你的财富很有可能会有损失。如果你是一个推迟“自我提升”的人，那么，你的健康状况很有可能会出现滑坡，不管是身体的还是精神的。至于你的幸福感，虽说会受到上述两方面的影响，但是与之关联最紧密的还是“亲密关系”这个集群。

总而言之，如果与实干者相比，拖延者在财富和健康方面往往会表现得较为逊色，当然也可能不会过得多么幸福。事实的确如此，不仅是因为拖延本身带给当事人的压力，更是因为这种压力会导致一定程度的罪恶感。看看我们身边的拖延者就会发现，他们为推迟任务而遭受的折磨，早已超过了解决任务所带来的痛苦，而这也已成了家常便饭。结果，在最终开始动手时，往往会感到如释重负，发出这样一声感叹：“这没有我想象中那么困难。”

本节要领

我们将每天的时间挥霍在看电视、玩游戏、网上闲逛这些小乐子上，最终势必会一无所获，而这也是悔恨的源泉。

拖延就像是在你的情绪信用卡上进行透支消费——虽说我们不用马上就得付钱，但是当账单到期的时候，我们就得支付复利。

第七节　谁该为拖延负责？是你是我还是他？

一、完全由冲动控制

到底谁该为拖延负责？事实上，我们对当下的偏爱正是源于拖延的本性，我们倾向于冲动而非理智，是长久以来进化和遗传的结果。不过，如果把拖延完全归罪于我们的生理，反倒有失明智。我们是谁？我们应该做什么？这个纷繁无序的世界无疑加剧了两者之间的错乱。好，现在就让我们分析一下计划与冲动之间这种愈演愈烈的矛盾。

提起电子游戏，想必勾起了很多人对往事的回忆。在我们的学生时代，那些夜以继日沉迷于此的日子里，游戏对于我们的吸引力实在是太大了，而我们的口头禅也不知不觉地多了一句“再来一局”。为了节约一切时间玩游戏，我们只会做必须做的事情中的最必要部分。如果你有女朋友的话，看到你执迷不悟的样子，她一定会愤愤地丢给你一句：“好，我走，游戏才是你的情人！”

现在，就让我们以“大冒险”游戏的网络版——“征服俱乐部”为例，看看到底是什么原因让下面这位资深游戏玩家如此这般情非得已的。

人们都说我是资深的游戏玩家，可是我却并不这么认为，在我看来，“征服俱乐部”这种游戏原本就是和世界各地的人一起玩，所以，游戏每时每刻都会进行，局势的发展当然也是让人出乎意料。

不过，跟所有沉迷于网络游戏的人一样，很多时候，我也会发觉自己总是不停地上网查看，即使不该自己出牌了也会这么做。有时候，我甚至还会突然意识到，拖延正以我所熟悉的形式出现，明明该工作了，而我却在玩游戏。曾经有一段时间，我感到自己已经深深地陷入游戏之中，这种感觉就像是走在悬崖峭壁上，虽说我明明知道自己迟早都会掉下去，可是，即便如此，我却依然满心兴奋地期待这种坠崖的感觉。

记得一个周五的晚上，我一想到整整一周毫无进展的工作，和妻子为琐事吵了一架，顿时觉得生活对我实在是太不公平了。于是，就在当晚，我想都没想，就把“征服俱乐部”游戏升级到高级版。这一次，游戏瘾再一次迅速地证明了它的杀伤力，而我也再一次做了一个糟糕透顶的选择。

再后来，游戏几乎一度位居我生活的重要事项的前列，定时查看游戏进展成了我生活的重要任务，甚至远超过其他所有的事。上班的时候，只要一闲下来，我就会上网看看自己不在的时候战况如何，或是乘机玩一会儿。去单位的路上，我也会抽空看看进度。睡前做的最后一件事是它，醒来后做的第一件事也是它，甚至在梦里也对它念念不忘。

看过这个案例，想必你和你身边的所有人，大概都经历过类似的事情吧，在如何摆脱这种强迫症状之前，先让我们来谈谈为什么。

这些人之所以如此沉迷于“征服俱乐部”的原因之一，就在于靠近诱惑是拖延的致命性决定因素之一。现如今，只要你愿意，任何一台电脑上都具备游戏的功能，然而，要想拒绝这种诱惑又是何等的难。原因二在于诱惑度，如果诱惑的吸引力越大，那么，我们就越不干正事。

案例中所说的这种“征服俱乐部”游戏，遵循了“多种强化程序”，也就是不时地给予奖励（即强化）。说到这里，就不得不提斯金纳和费斯特于 1957 年发表的名叫《强化程序》的著作。在随后的 50 多年里，我们越来越承认一点：这种模式非常容易使人上瘾。与此同时，斯金纳还发现，无论是鸟类，还是灵长类动物，未知但即时的奖励都会刺激其更加努力地工作。

以多数人都知晓的赌博中的“老虎机”为例，这种玩意儿之所以特别容易让人沉迷，正是因为它将获胜的强化程序牢牢地嵌入其中，这就是动机心理学的巨大力量。而这里所说的“征服俱乐部”，也清晰地证明了互联网带来了大量的机制相似的诱惑。不过，任何一个事物都是一把双刃剑，互联网也不例外，它一方面为我们提供了诸多便利，但是，与此同时，它也为我们制造了一系列的行为陷阱，使我们难以安心工作。

为了便于大家的理解，图 1-1 就为我们展示了我们完成某项工作的意愿与实际完成时间之间的关系。在图 1-1 中，我们会看到两条平行的虚线，它们代表诱惑：下面一条代表小的诱惑（即还不错的事情），上面一条代表大的诱惑（即很棒的事情）。那条于末端陡升的实线则代表工作曲线，意味着大多数人的工作干劲到期限将近时才会爆发。

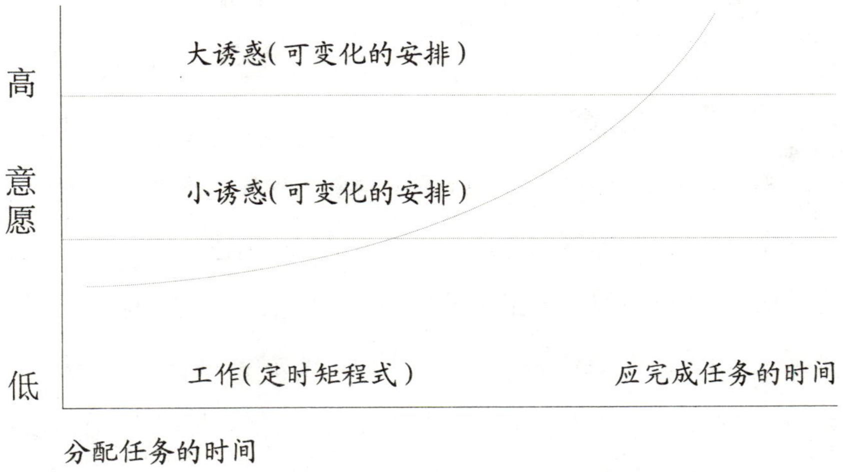

实际上，该图反映的是一个定时矩程式，意思是说你必须完成一定的工作量才能得到一定的回报。让我们以按件计酬工厂里的工人们为例做一说明：如果每做完 100 件活就可以休息一下，那么，他们的干劲就会更大一些。也就是说，“想跑就得先歇”，完成一定量的工作就休息一下，然后再加油冲向下一个目标。由此看来，你的工作有设定好的截止日期，截止日期之后才会接受评估，得到回报。

事实上，各种强化程序，也就是水平虚线所代表的大诱惑或小诱惑对我们的吸引力是恒定不变的，可以说，想玩的念头一直在那儿，不会消失。而且通常情况下，这些诱惑远比我们日程表里的那些事情有趣得多。

另外，如果事情的诱惑度越强，也就是大诱惑替代了小诱惑，那么，它的水平线就会越高，而你磨蹭的时间也就越长。最终，直到工作曲线超过了那条水平线，我们才会把它看成是首要任务去对待。由此，我们得出这样的结论：一旦诱惑的吸引力上升了，拖延就会随之加重。

二、门槛的提高

有这样一个有趣又深刻的问题，伴随着现代化的脚步，拖延这一现象也日渐显露。近几十年来，随着经济的迅速发展，人群中的慢性拖延也翻了 5 倍。早在 20 世纪 70 年代，只有 4% 左右的人声称拖延是他们的主要性格特点之一，然而，现如今，这一数字却已上升到了 20%~25%。很显然，在我们的世界里，充斥了太多的诱惑之物。

让我们再把视线聚焦到文化产业。随着第一家电影工作室于 1911 年在好莱坞开张，此后的几十年，人们投入巨资制作电影，到了 20 世纪 30 年代，大众传媒已将看电影视为拖延的常见形式。然而，不久之后，也就是第二次世界大战结束之时，又兴起了电视产业。

下面这组数字很值得我们细细研究：在 1950 年到 1955 年这几年，美国拥有电视机的家庭数目从 9% 一跃升到 65%。那时候，若是赶上热门节目播出，简直就是一场盛宴。到了 1962 年，美国拥有电视机的家庭数目达到了 90%。当时的《科技新时代》杂志就曾选登了这样一本书——《每天多活一小时》。在该书中，作者提出了这样一个观点：看电视与拖延密切相关。让我们还是把视线聚焦到西方发达国家，20 世纪 70 年代中期，荧屏上又出现了一种新的诱惑物——电子游戏。虽说这种游戏设计简单，但它的魔力却超大。在一项心理学研究中，更是将打游戏认定为典型的拖延行为。

看过上面这些历史数据，想必你已经知道为什么拖延在今天会愈演愈烈了。几十年来，工作带给我们的乐趣稳定不变，但是分心物的吸引力却与日俱增。看看斯金纳图形，我们就会深刻地明白这一点：虽说诱惑物水平线升得那么高，但是工作曲线却丝毫未动。

不得不承认，生活和游戏就像是在打一场争夺战，争夺人们的注意力。结果是，无论老少，沉迷于电子游戏中的现象越来越普遍。看看那些在课堂上玩网络搏击游戏的大学生们吧，这种现象早已是司空见惯。更过分的是，虽说这些游戏已经够高级了，却还是在不停地升级，真是让人想不分心都难啊。

不过，电子游戏还不是最坏的。当然，也不是吃零食或打瞌睡，尽管这两者一直都很常见。这里提到的独一无二的“王者”，非电视莫属。

早在20世纪50年代，电视便已达到了它的黄金年代。后来，随着神奇遥控器的出现，我们可以坐着不动也能换台。再后来，随着光缆和卫星技术的应用，更是极大地丰富了电视频道，无论你走到哪里，无论你什么时候打开电视，总会有一个频道合你的胃口。从此以后，电视的地位不断巩固。然而，当我们看得太多时，也会不由得产生一种罪恶感，觉得腻透了，甚至于晚上睡觉前还会经常发誓明天要少看点儿。

现如今，随着电视产业的发展，我们的选择也正变得无穷无尽。例如，借助某些技术，我们可以选择在短时间内下载完一部电影。可以肯定的是，将来的某一天，当这种技术进入一般家庭以后，人们看电视的时间就一定会大大延长，而电视也必然会挤占人们生活中处理其他事务的时间。毋庸置疑的是，在这些被耽误掉的事务中，还包括一些很重要的事，比如，与家人聚餐，或是联络朋友，等等。事实上，这些事务远非琐事，而是非常重要的事。

不过，最糟的事情还在后头呢，它就是网罗了电子游戏、电视等诸多诱惑的信息平台——网络。虽说无论你有什么兴趣、嗜好，都可以在这个平台上找到相关网站，下载视频和音乐，而且还可以进行评论，但是，有一点却是不得不说的，很多人都已承认上网已经成为十分困扰他们的一件事。当然，还有另外一些引发网络拖延的新兴产物不得不提，这就是社交网站，如 QQ 空间、人人网、facebook 等。以 facebook 为例，在其诞生还不到一年之际，《纽约时报》就曾报道说，facebook 已经成为害人做事磨磨蹭蹭的罪魁祸首。看看那些一天到晚抱着智能手机的人几百次几百次地点击刷新屏幕，就知道这样的毒害到底有多深了。

凭良心说，此类网站的实用性，尤其是在扩展人脉方面，的确有着极强的吸引力。正如伟大的成功学大师拿破仑·希尔所说，人脉是成功的一个关键要素。不过，这类社交网站也极大地干扰了人们干正事，它的弊端远比拓展人脉带来的好处要大得多。想必很多人都有过这样的体验：当你退出这类网站后，往往又会重新选择激活账号。很多时候，我们真是离不开它，恐怕这就是此类网站最诱人成瘾的标志吧。

三、我们是怎么变成这样的

1. 大脑的神经架构是拖延的起因

从前文我们知道，大脑的神经架构令拖延难以避免地增加了。人体的大脑边缘系统只关注眼前的事，而前额叶皮层只关注长远的事。比如，如果要生一堆火，那么，大脑边缘系统只会看到摆在眼前的那桶汽油，而前额叶皮层则会想到远处的那堆木头，不仅火候稳定，而且还烧得慢。再比如，如果有100万现金，那么，对于大脑边缘系统而言，势必要立马到手，而前额叶皮层则希望每星期领5000元，直至到老。

虽说要想做出最终的决定，离不开大脑边缘系统和前额叶皮层两者的合力，但是看着它们如此不一致的步调，也就不难理解为什么会拖延吧。再举个例子来详细说明一下吧。

有这样两家小吃店，一家是“营养原料”，专门出售健康食品，可以帮你保持身材，可以让你更加健康，只不过，这都是些长远而抽象的目标，是大脑想要的食物——至少是前额叶皮层想要的。另一家是“美味诱惑”，专门出售高糖高脂的油炸食品。好吃吗？没错，想必十个人有九个会说好吃，当然，这家“美味诱惑”更能讨得大脑边缘系统的欢心。

现在问题来了，如果把这两家店开在同一家商场里，那么，谁家的生意会更好呢？无须过多市场分析的专业知识，我们就能知晓答案，唇齿间一时的香甜远远抵得过腰腹上一世的健康。面对这道选择题，想必很多人会一面吃着“美味诱惑”，一面想着，明天我再买“营养原料”。这也可以解释为什么电影院里的爆米花总是卖得死贵，原因就在“美味诱惑”的利润实在是太大了，因为人们实在是太想吃了。于是，在不久的将来，“美味诱惑”将会成为一个全球连锁品牌，而“营养原料”到那时恐怕早已撑不住了。

2. 市场研究是引诱过程的始作俑者

随着市场经济的发展，我们内心澎湃的欲望也一再被满足，一切公平公开，没人强迫你买，但是却有一只看不见的手为大脑边缘系统搭造了一处仙境。放眼看看这个社会，举目皆是对物质消费和享乐的渲染，于是，人们放下了那些长远的、能带来更大满足的目标，比如，职业深造、自愿服务、家庭经营，以及追求信仰，等等。于是，当我们的大脑被自由市场释放之后，物质主义和消费主义就应运而生了。

人们常说市场研究是门复杂的学科，但是这里却要说，市场研究这门复杂的学科恰恰是引诱过程的始作俑者。不过，在市场调查的诸多目的中，也有好的。烟盒上印制的警示标记，还有印象吗？这就是为了让人们看了不想买才设计的。

说了这么多，市场研究关注最多的还是钱，于是，为了帮助客户改进其产品，研究者们就要想方设法地制造诱惑，而这就得求助于大脑边缘系统。以食品加工业为例，该行业关注最多的就是如何才能最好吃，如何包装最好看，可以说，它已经将市场研究运用得炉火纯青。而研制那些色味俱全、口感绝佳的食物的浩大工程，更是绝对不亚于研制平板电视。一旦食物中有了这些糖、脂肪以及盐的完美配方，它们就会变得令你百吃不厌，而且吃了一口还想再吃一口。

当产品研制出来以后，它的面市过程也要依靠大脑的边缘系统。我们都知道，为了突出商品最具体、最显著的方面，广告总是具有举足轻重的作用。当你下次逛超市时，不妨留意一下货架上陈列的商品，看看它们的外观和味道是多么的突出和重要。相比之下，如果借助大脑前额叶皮层来判断其营养价值或价格就显得微不足道了。

除此之外，如果你想要自己中意的一件物品立马触手可及，它的诱惑就更大了。关于这一点，商家使用的伎俩简直是多得不得了，“先买后付款”的销售策略就是基于此。不得不承认，方便加剧了我们的冲动行为，令大脑边缘系统在作决定时分量更重。对此，联合利华健康学会的体重管理专家大卫·梅斯勒就曾说过：“每一天，每一个地方都有吃的，伸手就能够着。永远永远都有机会开吃。”

可以说，我们生活的这个地球村，正是所有市场研究者们的一个共同目标——尽力削减物流时间，使购买任何一件物品都像在柜台上买块方糖一样方便。然而，一旦这个目标实现了，世界无疑就成了一个诱惑的牢笼。而一旦你的意志力崩溃了，诱惑就能在瞬间将你完全地捕获。

不过，还有比这更厉害的。市场研究者们除了让产品和包装对消费者的大脑边缘系统更具吸引力之外，还会想方设法让讨厌的前额叶皮层靠边站。我们都知道，当一个人作决定时，固有习惯往往很容易令前额叶皮层失灵。于是，我们的市场研究者会费尽心机地去培养消费者的习惯。可以说，我们的很多消费都是被诱发的，不由自主的。

肯德基是我们再熟悉不过的一种洋快餐，这种食品之所以让很多人都欲罢不能的原因之一就在于它的特殊香气，这种香气是由十多种特殊香草和香料精制而成，一旦被涂抹在深度煎炸的鸡块上，就会给人一种垂涎欲滴的感觉。于是乎，就在那一瞬间，我们的行为完全被情绪劫持，完全不顾想要健康饮食的初衷，再次跑去吃鸡块或是汉堡了。

再比如，每次去电影院，很多人都会不由自主地花高价买爆米花，可是，买完以后又后悔。从科学的角度来看，这种行为不是有意识的自主选择，而是人们一进入电影院就有的一种惯性行为。在诱惑面前，每个人都会暴露出意志薄弱的一面。

那么，我们又究竟多么容易被诱惑呢？对此，一位消费行为学方面的资深专家通过他的研究向我们证实：饮食更多的是基于习惯而非饥饿。比如，碟碗的大小、饭菜的分量，或是食物的摆放位置是否显眼，等等。事实上，类似的习惯几乎占到我们日常行为的45%，而提供方便的选择和明确的诱饵则是一门大学问。

那么，我们又究竟能和习惯捆绑到什么程度呢？关于这一点，个人移动助理终端（PDA）就是最好的例证。例如，iPhone 产品。

很多人总喜欢无论到哪儿都发短信，甚至连开车时都会发，这早已是个毋庸置疑的事实。而开车发短信更是冲动战胜理性的典型例子，但凡有点驾驶常识的人都知道，当一个人驾车时，无论是自动挡还是手动挡，只要用了手机，就会降低人的反应速度，这是非常危险的，而且很多研究也已证实了这一点。不过，依然有很多人耽溺于此类数码产品，甚至还一度患上“手机成瘾症”。既然手机如此不可或缺，那么根据神经可塑性原理，大脑很有可能将其视为我们身体的一部分。如果手机不在你的手边，那么，我们就会产生一种类似幻肢综合征的感觉（有时也称作“手机幻听”）。

如此看来，我们今天的拖延症不仅是在和一亿年以来的人类进化做斗争，更是在和一亿年以来人类社会的充分发展做斗争。事实也的确如此，人类历史上还从来没有一个时代出现过如此多的诱惑。当我们面对耗资几百万的电视广播广告、互联网弹出广告和影视嵌入广告的强烈攻势时，最终选择了沉沦，而拖延则冉冉升起。

本节要领

有一些商品，当我们享用时总会带给自己短暂的快乐，然而，过后又会陷入深深的悔恨之中，即便如此，只要有人买，就一定会有人生产。

面对接连不断的诱惑及其可能引发的拖延，将是生活在这个世界的必然。

拖延症不仅是在和一亿年以来的人类进化做斗争，也在和一亿年以来人类社会的充分发展做斗争。

第二章
分析拖延症：明确症结所在

你知道吗，我们每个人都有拖延症，而且随时都有可能“病发”。其实，拖延行为只是来自我们内心深处的焦虑。当然，拖延症也并非完全一无是处。

第一节　拖延与焦虑是一对孪生兄弟，同时降生！

一、拖延与焦虑

我们每个人都有拖延症，而且随时都有可能“病发”。不妨想想看，当我们彷徨、害怕，当我们怀疑自己的能力，或者老实说吧，在这种情况下，我们只是懒得做，或是只想换个环境，于是，拖延就开始了。难道不是这样吗？总有一些时候，我们想推迟完成某些任务，或者迟迟不作决定，而时间，也就这么一拖再拖。

的确如此，任何人都无法抗拒拖延的诱惑，不过，你有没有想过，多数情况下，拖延行为正是来自你内心深处的焦虑。你越是担忧，你就越怀疑，于是，你就拖延了。无论是逃避，还是犹豫不决，都是焦虑拖延症的具体表现，你若对此不以然为，总有一天，这种行为很有可能会转变成一种慢性的习惯，成为你精神日渐衰弱的毒药。

或许，即便说了这么多，对于很多人而言，焦虑拖延症还只是一个新鲜的概念。实际上，多数人都不晓得自己内心的焦虑竟然会导致拖延症的产生，即使这些人在拖拖拉拉的时候都曾隐约有不同程度的焦虑感。

也许，有人会说，偶尔享受一下美妙的春天，暂时放弃房间的整理，娱乐当下不也是无害的吗？话虽没错，但是，真正的焦虑拖延症恰恰来源于你内心的恐惧和怀疑，这一点却是无法逃避的，总有一天或是就在现在，你已经体会到了：这种情绪使你无法相信自己，使你不能及时做出重要的决定，此时此刻，你正在被拖入焦虑的深渊。

如果你的某些反应与上面的一些描述比较相似，那么，你很有可能也是一位焦虑拖延症患者。毫不客气地说，这种行为势必会阻碍你实现自己的人生目标，阻碍你发挥自身的潜能。

二、焦虑是如何导致拖延症的

既然拖延与焦虑是一对孪生兄弟，那么，焦虑又是如何导致拖延症？拖延症又是如何给我们造成更严重的焦虑和担忧呢？下面，我们就来讲讲这一恶性循环是如何产生的。

还记得在某些任务要完成或者必须做出某些决定的时候，你为此所产生的焦虑感，并且还记得这些情绪是什么时候让你开始拖延的吗？当你拖延了之后，又发生了什么变化？你是不是有一种暂时放松的感觉？不过，当截止日期一步步向你接近时，你又有何感想？你的焦虑感是上升还是下降了呢？

实际上，对于一个长期性的焦虑拖延症患者而言，推迟完成任务或者拖延做出决定的确会在一定程度上使你暂时摆脱焦虑感带来的折磨，甚至还有可能帮你说服自己，进而相信这些拖拉的事情远不如你手头正做的事情重要。

可是，非常遗憾地告诉你，你的焦虑感并未因此而消除，实际上，你的内心跟明镜儿似的知道这些工作和决定是必须做的。紧接着，随着最后期限的逼近，你的焦虑感越来越强，你害怕别人的评价会让你对自己有更多的质疑，你怀疑自己是否有足够的时间完成这项任务，或者哪怕只是草草地应付了事。

尤其值得一提的是，随着时间一步步地推移，此时此刻，你发觉拖延的罪恶感和对无法按时完成的恐惧感正在大大降低你的工作效率。就算你走运，按时完成了任务，并且也没有发生什么重大失误，但是你照旧身心俱疲，更为严重的是，拖延症的整个过程还是会周而复始地在你的生活中上演。

三、焦虑的来源

看到这里，也许很多人会想，为什么焦虑拖延症发作了，就会自动地、无休止地运行下去？最初的焦虑感究竟来自哪里？我们从一开始又是因为什么要推迟这件事情呢？

这个问题问得好，不过，答案还是蛮复杂的。对于不同的读者，答案当然也会不尽相同。通常，焦虑感可能来源于不同情绪的杂合，主要包括自我怀疑、对失败的恐惧、完美主义。接下来，我们就来讨论一下这些构成焦虑症的主要因素。

1. 自我怀疑

在成功心理学里，有这样一个理念：如果你坚信自己有能力完成一项任务，那么，你往往就能做得很好，而且还能得到很好的结果。反过来，如果你怀疑自己的能力，又会发生什么呢？没错，你很有可能会有拖延的行为。事实上，对于许多拖延症患者来说，过于不自信，过于怀疑自己无法胜任某项工作，的确是产生拖延症的内在根源。

丹是位聪慧并有着光明前途的研究生，可惜的是，她还是位焦虑拖延症患者。眼看再有一年，丹就要获得医学生物硕士学位了，可是，就在这个时候，她忽然发现自己的毕业论文还有很大一部分没有完成。随着最后期限的临近，丹感到自己焦虑得喘不过气来。她想不出更好的理由来解释为什么自己的论文没能按时完成，尤其是她已经以相当优异的成绩修完了硕士的全部课程。

在接受治疗的过程中，丹清楚地认识到当自己充满自信的时候，当她对自己的记忆力和实验材料充满信心的时候，总能出色地完成任务，事实上，丹也非常明白自己缺乏的正是对自我的肯定。由于缺乏自信，丹从一开始就逃避一些任务——正如需要她创造能力和细想的毕业论文。

如果你和丹的情况类似，遭受着由于不自信带来的拖延之苦，那么，第三章的练习将会对你非常有帮助。请记住一点：即使只是在某一方面不自信，这种情绪也会蔓延到你内心的每一个角落，感染你的每一个细胞。

2. 害怕失败

经研究证实，害怕失败与焦虑感是存在内在联系的，害怕失败也是导致焦虑拖延症的幕后黑手之一。如果一个人对于正在经手的工作有种莫名的担忧，势必会滋生出一种负面的、消极的情绪，而这种担忧更会拖累那些原本非常有实力，甚至可以拥有光明前途的人。实际上，现实生活中，那些被公认为将拥有大好前程的人，往往都是害怕失败的人，要知道，一个人期望过高，更容易失望过多。

乔是一位优秀的毕业生，在招聘会上，他以颇具魅力、聪慧过人的气场被当地一家知名外企录用，找到了一份众人眼里梦寐以求的销售工作。最初，乔非常尊敬自己的上司，非常渴望在职场中脱颖而出。但是，在这个藏龙卧虎的地方，乔很快发现自己并没有获得同事们过多的关注，于是他变得封闭起来，尤其是在开会的时候，他总是保持安静，害怕提出不合适的观点或错误的方案，如果同事提出与他不同的看法时，乔就会立刻改变他原来的立场。

当乔进行个人的首次业务报告时，他惊讶地发觉自己总是纠结于一些琐碎的细节，比如报告该用什么样的开场白，幻灯片上的字体用什么颜色和字号，等等，却唯独忽略了最为重要的东西——他的演讲报告。更严重的是，乔还害怕上司对自己失望。这种异常的焦虑和恐慌使他有一种大难临头的感觉，为了逃避这种焦虑感，为了避免自己会被上司和同事看成一个华而不实的骗子，他只好借助于睡眠或是看电视。可是，由于担心久久未消，最终，在做报告的当天早上，他打电话到公司请了病假，选择用逃避的方法排遣内心的恐惧。

当我们无法达到预期目标，或者自己失败的画面整夜在脑海里上演时，这种极度失望的恐惧感只会把自己逼向死胡同。从某种程度上看，拖延症倒是能帮你逃离这种恐惧。毕竟，如果你花了更多的时间去准备，结果肯定会好很多。

3. 害怕成功

什么？害怕成功也会产生焦虑感？没错，拖延任务或者故意失败都可以避免被关注和被期待。或者我们可以这样想，有些时候，对于那些不相信自己能够成功的人来说，拖延也是一种防止自我破坏的保护机制。当然，也有些时候，如果我们对成功的定义与其自我认识之间有了矛盾，也会导致逃避行为或是拖延症。

约翰是兄弟姐妹中最小的孩子，他们家住在工人住宅区，他的父母非常重视对子女的教育，约翰的兄弟姐妹们都上了大学，约翰本人也颇有天分。但是，当约翰的兄弟姐妹都毕业之后，约翰反倒成了恶霸欺凌的目标，他们认为约翰在学校的表现实在是太出色了，好得过头了。

本来约翰也为自己的成绩感到骄傲，但是没了哥哥姐姐的撑腰，他渐渐地开始拖拉作业，或者干脆旷课，和朋友们出去玩乐。可想而知，约翰的成绩自然是一天不如一天。但是，面对这样的改变，于约翰而言却不失为一种解脱。因为从此以后，他可以和其他孩子一样，能够更好地融入同龄人的圈子，更容易被周围的同学接受了。

你是一个害怕成功的人吗？面对成功，你会感到焦虑吗？如果答案是肯定的，那么，原因又是什么？在第三章，我们将帮助你检验可能存在的对成功的恐惧感，帮助你提高克服这种恐惧的能力。导致害怕成功的原因有很多，弄明白这些，你以后就能避免受到焦虑拖延症的困扰。

4. 完美主义

日常生活中，完美主义和拖延症是密不可分的，而且科学研究也证实，完美主义和拖延症之间必然存在着某些联系。在治疗过程中，专家也发现，脱离实际的期望越高，完成目标的焦虑感就会越严重。而且在拖延症患者中，大部分人都可以明显地观察到完美主义倾向给他们造成的负面影响。

罗拉是一位全职母亲，有一个两岁的儿子，现在仍有身孕。虽说她的家人与朋友都将她的无能归结于环境，但是她常常会受到完美主义和拖延症的折磨。罗拉无论做什么事情，对她而言，挑选仿佛永远没有尽头，也永远没有正确的答案。

比如，为了给她的儿子在车上放置一个宝宝座位，她会花很长时间浏览网上的各种产品，不仅如此，她还会看评价，看讨论，看安全网站的各种说法，并且把同意以及反对的观点全都记下来，然后她又沮丧地发现在这些观点中，很多本身就是自相矛盾的。因此，罗拉总觉得好像没有任何一个座位是足够安全的，她怎么也挑不出最完美的那一个。因为没有选出最佳的座位，所以罗拉常常无法进行下一步的工作。最终，当她不得不买一个宝宝座位的时候，只好让她的丈夫拿主意。总之，每一个决定对于罗拉来说似乎都意义重大。

罗拉的故事告诉我们，完美主义是你个人有效生活的巨大阻力。如果你也有这种情结，这样的感受让你似曾相识的话，相信在第三章，你将会学到如何克服完美主义，如何忍受生活中的不完美以及如何消除你的拖延症。

第二节　你是行为拖延还是心理拖延？都要杜绝！

一、行为拖延

从上文我们可以得知，拖延就是将那些应该完成的工作有意识地推迟的一种行为。不过，这个定义还是有些模糊，并没有清楚地描述那些深陷焦虑拖延症的人们的真实情况。事实上，如果你正在和拖延症做斗争，那么你一定了解这种焦虑感，以及由于焦虑症而产生的一系列相关的恶性循环，比如担忧、自责以及恐惧心理，甚至于这种变化使你的生活彻底瘫痪的窘迫。

在这里，我们要针对拖延概念本身做一个分类，一是行为拖延，一是决定拖延。当说起“拖延行为”这个词时，你会联想到什么？比如，作业、家务活儿或是论文，等等。面对本该做完的工作，总有一些人会表现得拖拖拉拉，不是窝在沙发里看电视，就是干脆上床睡一小会儿觉。这种拖延——拖延应该完成的工作，我们称其为行为拖延。事实上，这样的蠢行是一个普遍的人性弱点，它或多或少盘踞每个人的心灵之中。如果你没有做好你的任何一项任务，就会被归类到行为拖延中。

二、决定拖延

相比行为拖延，还有另外一种类型的拖延，那就是思想上的，虽然这类拖延常常被我们所忽略，但是这种拖延同样也与内在的焦虑有着一种密不可分的联系。实际上，当你羞于或是迟迟不作选择的时候，就陷入了这种决定拖延。不知道该买哪件衣服、不能决定卧室到底刷什么颜色的墙漆，这些都是决定拖延的具体事例。

练习题：行为拖延还是决定拖延

明白了行为拖延和决定拖延，你能准确地区分到底什么是行为拖延，什么又是决定拖延吗？好，现在请你认真思考一下下面这些问题：

1. 赖在沙发上不去健身房。

行为拖延

决定拖延

2. 担心购买的汽车不够好，给自己添麻烦。

行为拖延

决定拖延

3. 在网上一遍遍地搜索更好的文案标题。

行为拖延

决定拖延

4. 还没付清账单就去清理桌子。

行为拖延

决定拖延

你的答案是什么？你的第一反应是不是赖在沙发上不去健身房和不付账单属于行为拖延，而犹犹豫豫不知该买哪辆车和选择什么样的文案标题是决定拖延？恭喜你，判断正确！太棒了！

测试到这里，想必你和很多人一样，发现自己同时受到这两种拖延症的困扰。不要紧，在后面的章节你将分别学到克服这两种拖延症的对策。当然，为了更好地克服你的拖延症，你也可以回想一下自己的拖延行为，并把它们分别列入行为拖延、决定拖延这两个范畴。即使没有全部列举出你的拖延症行为也不要紧，毕竟这只不过是你对抗拖延症的开始。

本节要领

多数时候，拖延行为恰恰来自我们内心深处的焦虑。一个人越是担忧，就越怀疑，于是，拖延就开始了。

追寻自己产生拖延症的原因，才能更好地量身打造适合自己的对抗策略。

第三节　行为拖延：是可恶的坏习惯还是应得的报应？

一、质疑拖延

拖延，是一个可以唤起我们每个人不同记忆的词。从前文我们可以得知，动词拖延（procrastinate）意味着“推迟、延后、延缓、延长”，该词由两个拉丁词合成：前缀“pro”是“往后”的意思，而后缀“crastinus”则是“属于明天”的意思，合起来就是“往后挪到明天”，也可以理解成为“以后再做”。

自古以来，拖延就是一个问题，如果我们把视线转向埃及，就会发现这样两个词，它们都可以翻译成“拖延”，而且这两个词都跟生存有关。在这两个有关拖延的词汇中，一个暗指有用的习惯，为什么这么说呢？因为这种习惯可以避免做一些不必要的工作，而且还能避免因为冲动而牺牲的精力，这样就能达到保存能量的目的。另一个拖延暗指有害的习惯，就是说在完成一件为了维持生存而必须完成的任务的过程中所表现出来的懒惰。举一个例子，当尼罗河洪水处于合适的周期时间，你却没有耕作田地，就是一种因拖延引起的有害习惯。

不得不承认，拖延问题正处于一个急剧上升的态势。据一项研究资料统计，2007 年，约有 70%的大学生存在拖延问题，而且这些人中又有近一半的学生承认拖延已经成了他们摆脱不掉的坏习惯，并且认为这是一个需要解决的问题。如果我们把视线转向一般性的人群，拖延问题也依然存在。超过 95％的拖延者希望他们的拖延习性有所减轻，因为这令他们感觉不佳，也让他们对自己的生活状态不够满意，甚至于因此而深陷痛苦。

既然我们有心想要摆脱拖延，那么，为什么我们偏偏做不到这一点呢？为什么我们会一而再再而三地拖延呢？有一点是可以肯定的，拖延者不存在一个典型的概貌，因为“由各种心理变数构成的心理网络看上去十分复杂”。

虽说如此，有这样一个原因可以排除在外：研究表明，智力和拖延压根儿就没有任何关系。所以，当你深陷拖延而难以自拔时，大可忘掉“只有当你才智超群的时候才能摆脱掉拖延”这样的想法。当然，你也不必觉得拖延就是低智商的表现，或者是在拖延问题上，男人比女人要“略胜一筹”。另外，这样一个证据显示也颇有意思：那就是随着年纪的增长，拖延问题也越来越少。其中缘由可能因为人们已经退出了竞争的舞台，不再想浪费有限的时间，或者是他们终于跟真实的自己相处融洽，对自己取得的成就甚为满意——或者相反。

事实上，任何人都可能染上拖延的瘟疫。学生在升级考试和其他一些评估的持续压力下，会推迟复习迎考的时间，除非时间到了不得不着手去做的紧要关头，才会临时抱佛脚。虽然我们不止一次地暗示自己，要想成为一名高素质的职业者，只有依靠自觉才能在自己从事的行业中生存下来，但是，我们当中的许多人却无奈地发觉，在没有人监督的情况下，我们会很容易地将事情耽搁一旁。在家里，拖延的事情更是屡见不鲜。清理房间、更换油烟机、置换新手机，等等，恐怕没有谁敢说自己不曾被家里这样或那样一些杂七杂八的事务搞得不胜其烦。

二、内在后果与外在后果

这是一个竞争日益加剧的环境，然而，我们身边的很多人不但不去跟上快速的节奏，反而减缓了自己的脚步。不得不说，这是件遗憾又悲哀的事。当我们静下心来直面拖延这个问题时（如果你愿意的话），就会发现拖延给我们造成的影响不止有内在后果，而且还有外在后果。

我们都知道，情绪好比一个不可捉摸的影子，但是情绪又时常会跟我们开玩笑。拖延带给我们的内在后果就是我们必须承受某些情绪的折磨，虽说遇到某些特殊事情时，你也曾试着提醒自己：不生气、不失控、淡定做人，乐乐呵呵活到 100 岁。但是一旦你被情绪这个魔咒掌控了，恼怒、后悔，强烈的自我谴责和绝望，统统都会朝你袭来。

“我才不相信你的这些鬼话！”别急，这里可不是危言耸听，因为你早已习惯了伪装的活法，所以，对于这些情绪上的反应也已麻木不仁。假如你能够跳出自己给自己搭筑的“牢笼”，站在一个旁观者的角度好好看看眼前这个世界，就会发现虽说我们身边的很多人从外表上根本看不出什么破绽，甚至于，他们还被很多人视为成功人士——大公司的业务总监，兼顾家庭和事业的都市女性。但是，倘若走入他们的内心世界，那种疾苦却是少有人知的。他们对自己感到挫败和愤怒，因为拖延使他们无法完成他们认为自己有能力完成的事情。虽说在外表上，他们总是给人风光无限的印象，但是他们的内心却备受煎熬。

拖延不仅会引发内在的痛苦，也会产生严重的外在后果。下面将要提到的这些后果，或许你未曾料想到，或许你正深受其害，或许你还会大吃一惊。

有这样一个律师，因为延误了很多次出庭时间而被取消了律师资格；有这样一个男人，因为工作上的拖延而影响到家庭生活，他的妻子由于无法忍受而最终选择离开；有这样一个会计，告诉他的经理说妻子住了医院，所以没能及时完成交办的任务，谁知经理打电话到他家里时，却是他的妻子接的电话，他也因为欺骗而被解雇了。

在这些后果中，有些是轻微的，比如因为没有及时支付而造成的一笔小额罚款，但是很多拖延者却必须承受在工作、学业、家庭以及人际关系上的重大挫折，他们为此付出的代价远非拖延本身所能承担得起的。

三、我怎么知道我是在拖延

看到这里，想必很多人会有这样的疑问："我怎么知道我是在拖延呢？"的确，人们经常不知道怎样辨识出真正的拖延，有时我们只是将事情延后处理，因为我们没有时间去做每一件事；或者是因为我们做事有所节制，需要放松和休息，请注意：这两者之间的区别非常重要。

然而，若想弄明白拖延有没有成为你的一个问题，一个办法就是看它有没有让你烦恼不已。面对拖延这个问题，就在有些人痛苦不堪的同时，有些人却安然无恙，而且丝毫没有感到它是一个大问题，下面几个例子就能说明这一点。

他们的生活安排忙碌而充实，他们刚做完一件事又赶着做另一件事，他们压根儿就没有想过换一种生活方式；他们喜欢生活过得轻松自在，他们会花很长时间才去做完一件事，并不急于求成。很多时候，当我们刻意选择拖延的时候，有这样一些人，他们更倾向于将事情延后，或许是因为在他们看来，有些事情并不重要，或许是因为他们只是想要在做出决定或者付诸行动之前好好地想一想。可以说，这些人之所以会选择拖延，只是因为他们想利用这样的时间好好思考，或者将自己的注意力聚焦到最重要的事情上。

不仅如此，或许我们还曾遇到过这样的情况：有时候，事情好像一下子全都出现在我们面前，让我们躲闪不及也应付不来。

或许有一天，我们会遇到这样的情况，你的亲戚前来造访，你的孩子需要你送他去上学，你的冰箱也恰好“罢工”了，“亲爱的，听我说，有些事情必须随它去——按时完成每件事情是不可能的”。你的耳畔响起了这句话，记不得是哪位老者说的，但是你知道当自己面对无法把每件事都做好的情况时，那些接受自己能力有限这个事实的人才不会为此过于烦恼，因为在这些人看来，这些现象完全发生在无关紧要的领域内，而重要的事情基本上都能被准时完成。此外，他们之所以不会烦恼是因为他们没有估计到任何困难，他们也不承认自己在拖延，实际上，这些人总是对要花更长时间完成一项任务过于乐观，而且他们也总是低估自己完成任务所需要的时间。

这是一个五彩缤纷的世界，所以，我们没有理由去拒绝以一颗乐观快乐的心去面对一切。而这些乐观的社会活跃分子恰恰如此，他们外向开朗，自信乐观，他们总是善用社会活动来转移对拖延的注意力，并且乐在其中。虽说他们今天拖延了一些事情，但是他们自己依然认为以后总会成功。

本节要领

拖延不仅会引发内在的痛苦，也会产生严重的外在后果。

人们常常不知道如何辨识出真正的拖延，要想弄明白拖延是否成为你的一个问题，一个办法就是看它是不是让你烦恼不已。

第四节　心理拖延：一场争夺控制权的较量

一、争夺控制权的较量

平日里，我们常说对自己的生活具有一定的掌控感是件十分重要的事，但是，既然要生存，有些潜规则还是不得不懂的。同样的道理，我们也必须学会遵守那些不是我们自己所制定的规则，并顺应别人的需要。

看似说得无情，但是世事的确如此。不过，如果你是那种对掌控感十分敏感的人，或许就不大爱听这样的话了，这种人天生就喜欢与任何规则拧着干，他们会公然抗拒任何他人对自己的要求。介于此，对于他们中的一些人而言，拖延就成了他们获取掌控感的一种方式。

你不信？不要紧，让我们以事实为证。在你回忆自己的拖延问题之前，先来看看下面这些情景，是不是让你有种似曾相识的感觉。

你正在创建一家企业，急需更多的客户，但是当你收到众多你所不认识的人给你发来的，声称你必须在某某时刻给他们回电的短信时，你的愤怒一下子就窜了上来。你认为那些给你发短信的人简直不给你留一点点的余地，这让你感觉很不爽，于是，你拖着不给这些人回电。虽说在某一个时刻，你完全能抽得出空，但是你依然选择拖延了好几个小时才给对方回电。

在家里，你的妻子催了你好多次，可是，你依然一直拖着不去完成被你视为“可恶”的家务活，虽说你口口声声地答应，“马上马上”，但是，你却迟迟不肯让自己的屁股移开舒适的沙发半寸。随着事态的持续僵持，你的妻子再也忍无可忍了，她歇斯底里地朝着你暴吼，最终，你也因无法忍受妻子的啰里吧嗦而感到厌烦不已。

很显然，在这些事实面前，你不想做任何的妥协，你以自己的独立为骄傲，因为你想给所有人证明没有人可以强迫你违反自己的意愿。在你看来，那个发信息给你的人可以说是鲁莽的，你觉得他以为你会乖乖地在他约定的时间内给他回电，但是你偏偏不这么做。在你的观念里，做家务这样的事情，除非是自己感觉良好，否则你万万不会在妻子叫你去做的时候才去做。

怎么样，我们没有说错吧，拖延好似这样一个宣言：“不！你不能强迫我就范！”而实际上，拖延更似这场争夺战的一个策略——争夺控制权以及赢得尊敬和独立自主。借助拖延策略，你可以打赢这场争夺战，并以此捍卫自己，而这也几乎成了一个条件反射式的反应，甚至连你自己都没有觉察到。

仔细观察身边的案例，我们就会发现利用拖延让自己重获控制感可能是有意识的，也可能是无意识的，所以，为了帮助你更进一步地消除拖延这个“绊脚石”，你需要花一些时间思考一下：你的拖延是不是在你必须顺从规则的时候引起的？你是否无视信用卡的还款日期，即便自己被扣了一笔滞纳金，还是会愤愤不平？在你处于留校察看，或是工作试用期阶段，你是否会重整旗鼓，还是依旧落在后面？

除此之外，还请你想一想你的拖延对你周围人有什么影响。当你落在后面时，有没有影响请求别人重新安排日程？当你没有及时完成自己的工作时，有没有影响到别人的工作进度和工作计划？当你没有完成自己的任务时，有没有让别人为你承担更多的工作？

捋清了这些，请再想一想周围人对你的拖延是什么反应。你的耽搁是否给他们带来烦躁不安？你的种种借口是否让他们感到泄气？你没有做到的承诺是否让他们对你愤怒不已？如果你没有意识到这些问题，只能遗憾地告诉你，你很可能会继续用拖延来维护自己的独立感。事实上，你很可能比你自己设想得还要好斗，而拖延正是你争夺控制权的一种方式。

二、为自我价值感和自我尊重而战

正如你所看到的一样，拖延无异于一个人的独立宣言。通过拖延这种方式试图证明给他人："我是一个拥有自主权的人，我会根据自己的选择来行动，我没有必要按照你的规定或者要求来做事。"事实上，利用拖延来抵制被人控制的人很可能是想保有他们独立的个体感，他们必须确信他们正按照自己的方式生活着。

很显然，这类拖延者是以个体的独立感来衡量自我价值的。不过，事实终究会告诉我们：如果你的自我价值感是建立在不让别人左右你的能力上，那么，一次小小的挫败都有可能让你觉得自己做了某种妥协，而你作为独立个体的身份感也会处于动摇之中，生活甚至还会因此变成一个残酷的战场。下面这个故事就是一个典型的例子。

詹姆斯是一个会计，也是一个严重的拖延者，在他心中，最关心的就是确保自己不被他人控制。他总是这样断言：“我知道早上八点我就应该开始工作了，或者在一定的日期之前为客户准备好一份审计报告。可是，问题就在这个‘应该’，这个词是如此令我讨厌。如果我这样做了，就会觉得自己实在是太软弱，所以我总是不去做或是推迟做。如此一来，我才可以让他们知道，到底是谁在掌控局面，只有我，也唯有我！”

詹姆斯的拖沓表现还远不止如此，对来自任何人的任何一个小小的要求和期许，他都会表现出一副抵制的态度。比方说，在他回家的路上，如果他的妻子给他安排了一件小差事，他就会毫无例外地“忘记”。在詹姆斯眼里，税单、每月的账单以及催缴通知书统统是些令人厌恶的麻烦事。而他的答复又总是这样，“我不想自己的生活被芝麻大的事儿所主宰，我只有在自己感到非常顺理成章的时候才会去付账单”。然而，话虽如此，可是这样的事情通常每半年才会发生一次。

不仅对他人，詹姆斯甚至还会自己跟自己过不去。曾经有一次，他驾车行驶在高速公路上，突然间，车子抛锚了，因为早在仪表盘告诉他汽油就要用完时，他是丝毫不愿意开车去加油的，他觉得这样做是对日常鸡毛蒜皮的小事的一种妥协。于是，他迟迟没有去加油。

或许，在詹姆斯的大脑深处，一直在评估到底谁更强势，谁处于控制地位，谁占上风。而他自己呢？随时都做好准备为每一件事情争执，不论大小场合都要求别人对自己特殊对待，在事态中施加自己的影响力。

现实生活中，在这样的争战中，这类拖延者甚至还会为了赢得个人的权力感和主导自己生活的权利，不惜牺牲掉一些重要事项，可是，在他们看来，这显然是必要的代价。

海耶斯患有多年的糖尿病，身体更是严重超重。但是即便如此，那种这也不能吃、那也不能吃，以及必须出去散步的感觉，还是让他很不舒服。所以，最终他选择了拖着不去减肥和锻炼，即便他自己心里也非常清楚这样做是在拿自己的健康冒险。

也许，读着这些拖延者的故事，你依然不痛不痒，觉得这些后果跟你毫不相关，然而事实上，你根本没有意识到自己早已陷入了一场争取独立的战斗中，而这场“战斗”更是让你的生活陷入困境。让我们一起来看看另一个拖延者的故事吧。

瓦琳娜在一家百货公司做销售店员，是个机灵的女子。在她还是孩子的时候，生活方面的事情完全由她妈妈料理，而且瓦琳娜的成绩一向很好，更是让她的妈妈引以为豪，常常在他人面前吹嘘自己的女儿。瓦琳娜的父亲是一名出色的律师，他把女儿的好成绩看成是她将来读法律大学并加入自己公司的一种保证。

后来，瓦琳娜去外地读大学，从那时起，她才真正感觉自己终于自由了。她参加了很多社交活动，在学习上花的工夫却很少，最后，反倒因为成绩经常不及格而退了学。

时隔多年，当瓦琳娜想起那段往事，内心总会发出这样的感慨，“那时的我，一点也搞不懂自己，实际上，我很喜欢大多数课程，尤其喜欢科学，甚至都曾有过读医学院，成为一名外科医生的想法。我知道自己有这个能力，但是在我心里似乎有另外一个部分一直想要摧毁这种可能性”。

直到多年以后，瓦琳娜才认识到她的拖延问题跟她对抗父母的控制有关。随着瓦琳娜的渐渐长大，她越来越觉得不能拥有自己的生活，因为一直以来，她的所有活动早已完全被父母安排好了。

瓦琳娜曾这样回忆道：“我拒绝跟家人配合，他们无法让我成为他们心中的那个人。但悲哀的是，我确实想在学校里表现出色，并努力达成自己的目标。那个时候，我并不认为可以在做到表现优异的同时维护自己的自尊。如果对于自己的独立性，我能够表现得确定无疑，那么我就没有必要通过这样的拖延来证明它了。现如今，我是多么希望那时的我能够明白，在学校里表现优异并不意味着我的父母在控制我。”

很显然，故事中的这位女主角是为了可以抗拒父母左右她生活的企图，才选择通过拖延这种方式来放弃她成为一名专业人士的可能性。但是瓦琳娜的行为并不真的是独立的，因为她的选择是基于对父母的反抗。虽然多年以后，她没有做到父母所希望的那样，但是她也没有做到自己所希望的那样。看得出，现在的瓦琳娜，在她的内心深处，对这种想要证明自己是一个独立个体的强迫性动机有一种后悔不已的感觉。虽然她已踏上了三十而立的新生活，但是这种懊悔之怨始终擦不掉。

事实上，当一个人对独立性的需要成为他生活中的压倒性倾向时，他做抉择的过程就会变得异乎寻常的困难，这种时候，如果让他投身于某种关系或是某项工作，势必会成为一件令其左右为难的事情。

下面这段文字是一位做任何事情都要拖延的人的自白："我拒绝提出工作调动的要求，因为我不想让别人知道我感兴趣的是什么部门。我迟迟不肯做决定，因为我担心一旦自己做出了选择，别人就会知道我的立场，有人就会从中捞到好处。"

看得出，无论是约会还是职业选择，这位主人公的表现都是拖拖沓沓，在事情没搞清楚之前，他总是会把自己手里的牌紧紧地捂在胸前，不透露一丝半点的风声。在他看来，如果一旦自己做出这样或那样的决定，无异于把自己的利益和偏好暴露给全世界看，如此一来，就不能完全控制局面了，反倒是那种在秘密中战斗的感觉会让自己安全得多。

没错，在抉择和承诺面前，选择拖延不失为一种保护自己的间接方式，因为这种情况下，别人不会知晓你的立场，这样就无法限制你。然而，一旦你做了抉择或是承诺，很有可能就会暴露在众目睽睽之下或是感到自己中了圈套，这时，那种基于不可知和无从捉摸的安全感就会消失得无影无踪。所以说，对你而言，唯一的保护看来就是免于做出任何大小的承诺，这样的话，你就可以在别人企图控制你的时候说转身就转身。

第五节　面对焦躁和拖延，找到你的心理舒适区

一、测试你的独立性指数

1. 你所在公司里，有的同事比你的能力强，有的同事比你的能力弱，也有的同事与你的能力不相上下，你希望与怎样的同事共事呢？

（1）比自己强的

（2）比自己弱的

（3）较少考虑，如果选择的话，选水平接近的

2. 闲暇时，你免不了和知心朋友散散步，几个人在一起总要有前有后，一般来说，你喜欢走在朋友的哪一面呢？

（1）前面

（2）后面

（3）不确定

3. 如果你的领导在没有完全了解清楚问题的情况下，就对你进行了不完全符合实际的指责，你会怎么办？

（1）说明情况，并请求予以澄清

（2）尽管心里很委屈，但是担心留下不虚心的印象，选择忍气吞声

（3）介于（1）和（2）之间

4. 在社会上流行了一种时髦的发式，你会怎么办？

（1）不管流行与否，如果觉得不好就不会去做

（2）看有别人做，自己便急忙做起来

（3）不确定

5. 你所在的部门要推选负责人，有人提A的名，有人提B的名，你打心眼儿里赞成B而不赞成A，但是举手表决时先表决A，你会怎么办？

（1）即使多数人举手同意A，你也不举手

（2）看到多数人举手同意，你也举手同意

（3）不确定

6. 你正在认真完成一项任务，你的朋友告诉你好不容易搞来几张足球票，可是你现在并不想去，你会怎么办？

（1）谢绝朋友的邀请，继续干自己的事

（2）你感到盛情难却，放下工作和朋友看球赛

（3）先权衡当时情况，再决定去还是不去

7. 假如你是个女孩，如果你可以有兄弟姐妹的话，你希望有？

（1）妹妹

（2）哥哥

（3）弟弟

8. 到公园划船，水深船小，还有一点点晃动，你会怎样登上船呢？

（1）自己跳上去

（2）扶着朋友的手登上去

（3）不确定

9. 你到一个风景区去旅游，中途迷了路，你会怎么办？

（1）按照导游图标明的方向，自行判断并走下去

（2）你后悔没有和路熟的朋友一起走，只好一路上找人打听询问

（3）你会将两种办法结合起来用

10. 你走在大街上，突然下起倾盆大雨。这时，你发现在大街两旁有两处离你距离相近的避雨处，A 处人多，B 处则人少。你会选择哪处避雨呢？

（1）A 处

（2）B 处

（3）不确定

评分标准：

选择（1）计 3 分，选择（2）计 1 分，选择（3）计 2 分。

评分说明：

如果你的总分在 20~30 分之间，说明你是个自立自强，当机立断的人。通常情况下，你会自作主张，独立完成自己的计划，你不会依赖他人，也不会受社会舆论的约束。同时，你无意控制和支配别人，也不嫌弃他人，但也无须别人的好感。

如果你的总分在 10~20 分之间，说明你对于一般性问题，往往有自己的主张，并能独立完成，但是对于某些高难度问题，则常常拿不定主意，需要他人的帮助。

如果你的总分在 0~10 分之间，说明你是个依赖、随群、附和的人，

你愿意与他人共事，而不是独自做事。另外，为了取得别人的好感，你总是会放弃个人主见，因为你需要团体的支持来维持自信心。其实，你不是真正的乐群者，你应该多培养自己的自主性。

现实生活中，我们应该在多大程度上涉入他人的生活？我们需要维护多广的人脉？人与人之间需要投入多深的感情？我们需要花费多少时间与他人共处，又有多少时间与自己独处？其实，这些问题都需要我们做出自己的选择。就如有些人的生活是由争强好胜或是取悦别人这样的心理动机主导一样，另外一些人的生活则由他们对于心理舒适区的需要而主导，这一心理舒适区决定了这样一些人跟其周围人之间的亲疏关系。

实际上，对于这样一些人而言，如果离开他们自己的心理舒适区，跟人太亲近或是太疏远了，反倒会让他们感到不舒服，反倒会让他们尽己所能地想要回到让自己舒适的区域，这种情况下，拖延就成了维护他们心理平衡的一种策略。下面，我们将对这两类人逐一做一个详细的分析。

二、你是恐惧疏远的人吗

生活中，我们常常会看到这样一类人，他们总喜欢跟他人联结在一起。与其说这些人之所以这样做，是因为他们共有的某些偏好，比如喜欢拥有亲密关系，喜欢有人陪伴，喜欢得到他人的支持和爱，倒不如说是因为他们觉得自己没有安全感，无法独自在这个社会生存下去，聚在一起可以让人更有安全感。事实上，这完全是一种来自焦虑的内心需求的渴望。

让我们冷静地看看这种心态就会发现，它不仅仅是因为需要有人陪伴，更是因为缺乏自我完整感：除非你成为对方的一部分或是对方成为你的一部分，你才会感到心满意足。难道不是这样吗？不妨想想你自己，在那些需要独立运作的事情上，当你感到靠自己的力量无法完全完成某件事的时候，就会不由得退缩彷徨。

那么，当人们对自己的独立自主性持犹豫不决的态度时，又会采取哪些方式来运用拖延策略呢？

1. 对于帮助的渴望

有这样一种人，他们对自己以及自己的想法往往不够确信，甚至对能否拥有自己的想法也心存疑虑，在他人不给予任何帮助的前提下，他们很可能迈不出半步。这里所说的帮助并非是让别人给你提供意见或是相互进行脑力激荡之类的帮助，而是指别人给你提供某个观念或是某种架构，如此一来，你的行动才会有方向。

事实的确如此，如果没有另一个人在场，我们常常会感到无法将行动付诸实施，因为我们是如此害怕，在没有伙伴的陪伴下，我们会变得慵懒无助。一个有拖延症习惯的人就曾这样描述他的感受：“当我在一个团队里时，满脑子都是创意，可以很好地完成任务。但是，当我一个人坐在办公桌前，大脑就会一片空白，在互联网上消磨时间。这种时候，我是如此渴望有人能来激发我的思维。如果让我一个人待着，我会一点头绪都没有。”

2. 努力成为第二

生活中，有这样一种人，他们会刻意避免做那些将他们逼到第一把手位置的事情，因为他们害怕在众人面前抛头露面，他们害怕那样做了，会让自己跟别人疏远了。对于这种人而言，他们似乎宁愿跟某些人待在一起，也不愿意面对走出分离和疏远必然会带来的孤独。

3. S.O.S 紧急呼救

当你陷入种种麻烦处境的时候，你是否希望有人帮你一把，把你从逆境中拉出来。之所以会有这种 S.O.S 的紧急呼救，与一些拖延者喜欢自己给自己挖坑不无关系。拖延，往往是这种人惯用的一个伎俩，好让自己陷入可怜和绝望的境地，这样一来，保准有人会来拯救他们。试问一下，有多少次，你也曾有过这样的希望？事实上，只要你等的时间足够长，或是你的麻烦足够大，总会有人奇迹般地出现在你的面前，帮你把那些讨厌的事情都做了。然而，微妙的是，有时候这样的事情还确实会发生。

4. 重温旧情

不管你承认与否，想必你一定有过这种感受，当你一拖再拖的时候，拖延多多少少对你发挥着某些作用，它会始终帮你保持原有的生活方式，它会让你恢复与其他人的关系，它甚至还会缓和你的孤独感。可以这么说，在这样一种拖延的模式中，你可以让过去重现在现实的生活中。

5. 忠实的伙伴

如果你选择了拖延，那么你势必要承受一定的负担。何以这么说呢？面对没有做出的决定、没有完成的任务以及没有支付的账单，无论你走到哪里，都有可能要背负拖延的债务。不过，虽然拖延是一个负担，但是它也可以是你生活中的忠实伙伴，它无时无刻不在提醒你所有必须去做的事情。通过这样的方式，或许你就不会感到孤独或是被人遗弃，因为在你的头脑里，始终有这些没有完成也无法放下的事情。

三、你是恐惧亲近的人吗？

有这样一种人，如果有人逼近他们、挤压他们、拉扯他们或是有求于他们，他们马上就会提高警惕，这种人与害怕疏远的人刚好相反，与人保持距离才会让他们更加自在，获得更大的安全感。于是，拖延就成了他们逃跑的一种方法，下面几种情况即如此。

1. 得寸进尺

有这样一类人，在他们看来，人际关系总是会把自己消耗殆尽，他们非常害怕别人会永不满足，又非常担心别人的要求会越来越多。然而，即便如此，他们又总是难以将自己对人际距离的要求明确地告诉他人，所以当他人不留心踩到警戒线里面了，他们就会表现得心怀怨恨。比如说，当他们想到要邀请某人到家里做客时，总会有这样的顾虑："如果我邀请某人到家里来喝一杯，他会不会待得很晚，到那时，如果我赶也赶不走，又该怎么办？"

2. 忘记最初的自己

"沽名钓誉"这个成语想必很多人都非常熟悉，说的是用某种不正当的手段捞取名誉。然而，在拖延者队伍中，有这样一些拖延者，他们总是会在自己的努力和付出即将有所回报时，担心有人会来摘取他们的这份荣誉。

有这样一个笑话，或许你早已听说过，这个笑话让人听起来仿佛来自他本人的灵感。那个曾一度让你为之卖命的上司，经常从他的下属那里窃取创意，然后你的上司又把这些创意当作是自己的想法交给他的上级领导。

对于有些人而言，剥夺他们应得的荣誉只会令他们痛苦不堪，于是，他们选择了拖着什么也不做，不给他人制造一丁点窃取本来属于他们自己的机会。因为他们的自我感早已紧密地与成就感捆绑在一起，对他们而言，被剥夺荣誉就好像被剥夺了自我一样。不得不说，有些时候，选择拖延的确可以在一定程度上保护你的利益不被他人侵占。

安这个人，总是无从选择自己的职业方向，她甚至于连自己到底对什么感兴趣也说不清。记得有一次，她对家人宣布她想去上小提琴课，在那之后没多久，她发现自己不仅进了小提琴班，而且也被安排进了读谱班和作曲班。

从此之后，安的生活就被音乐书籍、古典CD唱片以及著名小提琴家的海报层层包裹着。多年后，当安回忆起自己当年的这段往事时，不无感慨地说："我想要的只是跟我的朋友一样可以拉小提琴，但是令我万万没有想到的是，从那之后，我的生活完全被无关的音乐旋风给吹走了。我那最初的想法似乎激发了我家人的某种想象力，所以他们纷纷跳了进来，为我接管了一切。后来，从这件事上，我汲取了一个教训：当我需要什么的时候，最好不让任何人知道。

没错，生活中，有很多拖延者就像故事中的安一样，为了保住自己的利益和成就，到最后连真正需要的是什么都不记得了。如果你担忧自己的利益在被这个掠夺性的世界知晓之后就会被侵占，那么，你很可能就会过上一种连自己的真实愿望都不曾清楚的生活。

3. 不想重蹈覆辙

在有些人的成长印记中，曾清清楚楚地见证过父母之间、朋友之间的指责、遗弃、冷落或是相互伤害，于是，他们为了避免在人际关系中涉入太深，决心不让自己冒重蹈覆辙的风险。在他们看来，若是跟他人走得太近，无异于自寻烦恼。于是，这些人推三阻四不去约会，拖着不去改善自己的形体，避免结交陌生人，总而言之，避开任何一种可能会卷入某种亲密关系的活动，这种时候，拖延反倒成了他们的同盟，保护其不再受到更多的伤害。

4. 内心的“闸门”

当有些人处于一种亲密关系中时，总会担心会像对自己一样对别人有更多的要求和评断，总会担心自己会表现出不为多数人所知的阴暗一面。令这些人忧心忡忡的是，一旦自己心中的怪物被释放出来了，很难想象有谁能够接受他们丑陋的一面。于是，他们选择不卷入亲密关系之中，如果“闸门”不被开启，这个问题他们就永远也不需要再去回答了。

5. 不去爱要胜于失去爱

有这样一类人，他们允许自己发展一段亲近的关系，在他们内心深处，盼望着一个完美的伴侣，能够无条件地接受对方的任何一面。事实上，在此过程中，他们也会发现自己实际上对这份情感的需求是非常强烈的。甚至于，他们会发现自己对这种亲密感情的渴望简直如排山倒海一般无法阻挡。

不过，就在他们打开“潘多拉盒子”的时候，他们对此又抱有强烈的怀疑态度，他们觉得在任何人与人的关系中，全然接受一个人简直是件不可能的事情。于是，他们宁愿选择回避，选择从一开始就不触碰这个神秘的盒子，久而久之，拖延也就成了他们达成这个目的的一个策略。

事实上，你的焦虑无论来自对疏远的恐惧，还是对亲密的恐惧，拖延始终是你维护心里舒适边界的一种方式。不过，用拖延这种方式来换取内心的舒适并不能从根本上解决人际关系中的问题。要知道，任何人际关系都涉及边界和亲密之间的关系问题，而一个良好的关系需要在依赖和独立之间取得平衡，唯有如此，我们才会感到充实，是因为它允许并鼓励双方作为一个独立的个体去发展和成长，而你要做的就是坦然面对并妥善处理好这个问题。

本节要领

拖延或许可以将他人保持在你所需要的人际距离上，但是这种处理问题的方式终究会阻碍你的成长。

解决人与人之间的分歧，实则是我们不断学习和拓展自己的一个途径，我们完全可以将此看成一次让心灵获得成长的机会。

第六节　拖延症并非完全一无是处，但要就事论事

一、主动拖延与被动拖延

通过上文，我们认识到产生焦虑拖延症的几个关键因素之间存在着千丝万缕的联系，害怕失败会导致完美主义。如果一个人对工作有着过分的要求，就会纠结于一些琐碎细节；完美主义会导致自我怀疑，案例中罗拉对自己决定的怀疑恰好来自这种完美主义。同时，自我怀疑又引发了害怕失败，正如案例中的丹一样，总是时时刻刻怀疑自己的能力，担心自己无法做到最好。

于是，这些关键性的因素共同引发了焦虑拖延症，不过，结果却大同小异，不外乎担忧、焦虑、逃避、降低效率，阻碍人生目标的实现。

还有一种理论持反对观点，认为拖延症并非完全一无是处。该理论将拖延症分为被动和主动。焦虑拖延症属于前者，是说无论是否有意，该反应都将导致焦虑、犹豫，无法按时完成工作。而主动的拖延行为是把注意力转到更重要的工作上去，比如，更有动力的工作，或是临阵磨枪的挑战。看来，主动拖延的人往往很少逃避，善于合理分配时间。事实上，一旦一个人成为自己时间的主宰，生活的压力就会小很多，而且工作效率也会高很多。

二、你属于主动拖延还是被动拖延

在下表 2−1 中列出了一些选项，请结合自身情况，选出最恰当的描述自己的选项。

表 2-1 描述自己的选项

行为拖延	决定拖延
选择性地拖延工作	期限越逼近，越怀疑自己的能力
按时完成工作	对拖延行为有负罪感
享受时间紧迫的那种挑战感	工作即将到期，压力也会倍增
感到掌控时间	为了缓解焦虑而选择逃避

通常，焦虑拖延症与一个人错失机遇，失恋伤害，因拖延行为产生的羞愧等因素有关。而且更为重要的是，焦虑拖延症还会影响一个人的日常表现，阻碍事业上的成功，导致身体健康状况的下降。

不过，这里却要告诉你一个好消息，如果你更多的情况属于主动拖延，那么你不需要这本书，因为你靠自己的信念就足以摆脱拖延症对你人生的影响。

当然，如果你决定改变你的人生，并且从选择阅读这本书开始，那么，可以肯定地告诉你，从现在起，你已经开始了重新掌控人生的第一步。这本书无疑将带领你改变自己的行为，逐渐靠近你的目标。

本节要领

主动拖延的人往往更善于掌控自己的时间，他们所面对的生活压力小很多，而且工作效率也会高很多。

被动拖延的人总是逃不脱担忧、焦虑、逃避、低效率的恶性循环，而他们每走一步势必会离自己的人生目标越来越远。

第三章
抵制拖延症：提升自我控制

为什么麻利者都是一样的从容，而拖延者却各有各的理由呢？知道自己为什么会拖延，知道如何面对恐惧，才能抵得住拖延的种种诱惑，做一个高效能的人。

第一节 找到你拖拉的原因，看看是不是很可笑

在本节，你将学会识别拖延的理由。首先，让我们看看下面这个例子，进而找到那些让你拖拖拉拉的原因。

最近一段时间，Betty 正面临一个非常紧张的工作时限。再过几天，她就要当着众人的面作一个非常重要的工作汇报，她被这件事拖住了。一时间，她发现几乎所有的事情都在跟她作对，清洁房间、检查电子邮件、整理文件……她整个人被这些事情围得团团转。虽说她已经非常努力，并且希望能按时完成这件事，但是每当她坐下来开始工作时，心里总会袭来阵阵惶恐。她想象投影机不能工作了，溢出的咖啡洒在了文件上，说话时张口结舌……更令她恐惧的是，她仿佛看见董事会成员坐在房间黑暗的会议桌前，他们双臂交叉，摇着脑袋，一副不以为然的神态。而她自己正站在他们面前，磕磕巴巴地汇报工作。更糟糕的是，会议结束时，委员会主席斜眼抛给她一句："很抱歉，Betty，你被解雇了。""我为什么还是无法完成应该完成的事？"在 Betty 的心中，这种感受盘旋已久，迟迟挥之不去。

和 Betty 一样，伯恩也面临着一个更为迫切的工作。他的老板要求他在月底审查之前提交一份关于动物质量安全的报告。如果伯

恩没能在规定期限内完成这个任务的话，他就会被解雇。虽然事态已经迫在眉睫了，可是伯恩仍然忍不住拖延，迟迟不肯行动，他正寻找各种能够避免工作的借口。

这到底是为什么呢？难道伯恩就不害怕失败吗？是的，他不像Betty，担心自己一旦表现得不够好会如何如何，他害怕的恰恰是成功。自从工作以来，伯恩的表现一直就很出色。虽说他也曾多次想象过自己的上司和同事会因为他的报告而表现得很兴奋，但是这并没有刺激他，没有给他带来任何的动力，相反，这种想象只会让他变得更加恐惧。

很多时候，生活中的很多人都会认为，如果我把这件事做好了，就能给老板留下一个好印象，对自己也可能意味着一个机会，可是，获取机会也意味着面临更大的压力和更高的要求。伯恩不是个特别想升职的人，尽管他挺喜欢现在的工作，然而，如果有更高的职位和更可观的薪水，他的家人也肯定不希望他拒绝，这才是伯恩要面临的问题。实际上，他不愿意面对成功带来的改变，于是，他选择了一直拖着工作进度。

生活中，尽管很多人不会被工作期限逼迫，但是即便如此，他们也有很多没完成的事，杰森就是其中之一。比如，一个周末的早晨，杰森打算把卧室的墙漆重新刷一下，找一个新的牙医，再换掉客厅的那台旧电视。不幸的是，眼看周末都要过去了，他还是没有完成这些事中的任何一件。当周日黄昏降临时，他一个人辗转反侧时才突然惊讶起来，“我这个周末去哪儿了？”这时，就连他自己也说不清楚。于是，他当下心中默默下定决心，下周末无论如何也要做这些事。然而，好几个周末过去了，要做的事依然没做。

那么，到底是什么原因让杰森停滞不前呢？答案就是完美主义。当杰森调油漆的颜色时，无论他怎么努力也始终调不成他最想要的那个颜色；当他向他的朋友打听医术高超的牙医时，无论怎么寻找，也始终找不到任何一个符合他标准的，他忘记了，其实，每个人都有这样或那样的缺陷；当他徘徊在电器城，尽管一台接着一台研究各式各样的电视机，可是，他依然无法决定购买哪一台。

故事中的Betty、伯恩和杰森有一个共同点：他们都在拖延，而且拖延对他们来说是很重要的事。然而，他们拖延的理由却各不相同。Betty害怕失败，伯恩惧怕成功，而杰森却是被完美主义给束缚住了。诚然，和你一样，每个人都有自己拖延的理由，而弄清楚拖延症背后的真正原因，才是克服拖延症的关键。

一、导致拖延的常见原因

很多爱拖延的人经常会问自己这样一个问题：“我怎么就耽搁了？”事实上，相对于你的拖延，这也正好反映了你的内心焦虑。一方面，你知道自己该做什么，但你又偏偏不那样做，或是非要等到最后关头才去做，并且每次都是如此。看得出，你完全被困在一个焦虑、担心、压力和拖延的旋涡中。

那么，又是什么原因让你做出“为什么我会拖延”这样的回答呢？没错，是害怕失败、是害怕成功、是追求完美（当然，原因还远不止这些）。下面我们就简要地描述一下这些原因，然后请你完成一个简短的自我评估测试，并思考一下哪些思维模式适合你。

1. 害怕失败

有些人因为害怕自己努力了，仍然不得不面对失败的窘境，所以，索性不如从一开始就选择逃避和拖延。

2. 惧怕成功

有些人总是害怕更高的期望、更大的责任和越来越大的荣誉，然而，一旦内心世界被这些恐惧围得团团转，拖延也就不请自来。

3. 低自我效能

有些人总是觉得自己的能力很一般，不具备突飞猛进的特质，不能完成特定的挑战任务，而别人无论做什么都比自己做得好。如果你是个总把“这太难了，我不行”挂在口边的人，拖延症就会滋生。

4. 完美主义

有些人总是把事情做得很完美了才算满意，或许在这些人眼里，会一厢情愿地认为别人都期待完美的自己。因此，当他们面对一个新任务时，往往会变得不知所措，并因为无法实现自己的高标准而表现得焦虑、沮丧。

5. 困难与不确定性

有些人总是难以面对未知的处境，他们必须在开始之前就知道结果。殊不知，生活中的一切其实都是不确定的，于是，在某些情况下，他们会下意识地回避这些不确定性，这样拖延就在所难免了。

6. 难以抉择

有些人相对于作决定，更注重收集信息。其实，这种拖延也是一种完美主义，因为他们必须找出所有可能导致错误的细节。

7. 讨厌工作

有些人面对工作时，在他们的头脑里，总会考虑事情的难易度，而不是着眼于值得享受的完成过程，于是，工作总是让他们觉得不愉快。如果有一天，他们认为某项工作是很难搞定的，就会选择逃避或拖延。

二、为什么你会拖延

1. 自我评估测试：为什么你会拖延？

好了，为了更清楚地了解自己为什么会拖延，下面这个自我评估测试将为你列出一些最常见的拖延原因，请根据你的自身情况，在你肯定的答案前勾框。

害怕失败

□面对任务时，你是否认为所有的方法都可能出错？

□你想象自己会失败而不是成功吗？

□你经常想象如果自己失败了，生命中那个重要的人会如何看待你？

□你经常会把你的失败归咎于类似缺乏时间或努力的原因？

□你觉得无论自己怎么努力还是失败，于是，索性不去尝试。

害怕成功

□成功带来的变化会让你感到很害怕？

□你会被成功带来的新责任和更高的期望压倒？

□你担心成功会分开你和你的朋友、家人？

□你担心成功会导致更大的失望？

□你担心你的成功会导致他人了解“真实的你”？

低自我效能

□当你面对一个任务时，会不会时常感觉没有能力完成它？

□你是否经常认为自己缺乏完成一个项目的基本技能？

□在挑战性的任务面前，你会感到绝望吗？

□如果一件事情，你感觉做不到，会不会轻易放弃？

□你觉得别人能把事做得比你更好？

完美主义

□你是否认为做事就应该做得完美？

□你发现当事情不对时就很难坚持下去？

□你觉得别人对你期待完美吗？

□你是否认为如果不能完整地做好某件事，就宁愿不做？

□每当你完成一件事时，是否总会发现它过于耗时？

困难与不确定性

□你不喜欢事情的不确定性？

□在项目开始之前，你是否急迫想要知道结果？

□如果你面临不确定性，你会担心并逃避？

□面对不确定性时，你会设想一个很坏的结果？

□如果无法预测结果，你是否会推迟一项工作？

难以抉择

□在作决定之前，你是否经常会搜集过多繁杂的信息？

□你是否认为自己必须做出最完美的决定？

□你是否更倾向于做出一个完美的决定，而不是按时完成任务？

□每当你需要抉择时，是否常常思绪万千，不知所措？

□你是否宁可推迟也不愿做出一个可能使你后悔的决定？

讨厌工作

□为了表达你对应做工作的不满，你是否会选择拒绝的方式？

□如果你觉得一件事很无聊，你是否很难继续坚持？

□如果你发现一件任务不怎么令人愉悦，你是否会认为自己不必完成？

□在工作还没正式开始前，你是否经常安慰说服自己，这项任务会令人非常痛苦？

□当你完成了一项任务时，你是否发现它并非你所想象的那么糟？

3. 找出让你拖延的理由

和大多数人一样，通过这个自我评估测试，你会看到那些最为普遍的拖延理由。例如，完美主义、低自我效能、不确定性这三个方面，或是你还需要从害怕失败、害怕成功多个方面去查看你的问题（复合型理由往往是很普遍的）。总之，这个自我评估就是要帮你找出最常使用的拖延工作和决定的借口。

接下来，请你再次审视这个测试列表，找出最常见的答案，并逐一写在下面：

1）
2）
3）

在阅读本书的过程中，请你仔细留心你所写的以上几点，它们可是你解决拖延症的主线。当你完整地读完本书，即会掌握该书介绍的适合你的克服拖延症的各种方法。

本节要领

你之所以会有拖延症的主要原因在于害怕失败、害怕成功、追求完美、做事犹犹豫豫、讨厌工作以及厌烦任务等。

虽说麻利者都是一样的从容，拖延者各有各的理由，但是一旦找到使你事事拖延的原因，也就找到了解决拖延症的主线。

第二节　终结不必要的担心，只有行动才会知道结果

在这一节，你将更加深入地了解对成功和失败的恐惧，与此同时，你还会了解到害怕和焦虑是如何诱发拖延症的，也将掌握如何克服这种思想的方法。

一、对失败的恐惧

每到星期天的晚上，在麦琪的脑海里，这样一些念头总是挥之不去：如果我没达到标准怎么办？如果别人看到了我的本来面目，我该怎么样？如果我不像他们想得那么好，我该怎么办？可以说，这即将到来的新的一周，使她完全陷入焦虑的境地，脑海中不断出现别人对她感到失望的画面：准备得不够充分；搞砸了项目；开会的时候使她的老板感到尴尬……这些可能发生但还尚未发生的事情正在无休止地困扰着她，使她彻夜难眠，使她一想到未来的一周就感到恐惧不已。

的确，生活中的很多人就如故事中的麦琪一样，实在无法承受这么多的期待。如果你的焦虑拖延症也有相似的症状，那么对失败的恐惧肯定会使你辗转反侧，彻夜难眠，那种真实的挫败感也会没有尽头地徘徊在你的脑海中。事实上，当你被这种恐惧感层层包裹时，

你又何以会顺利地完成应该完成的任务？而你的生活又何以不会陷入瘫痪的状态？可以说，是拖延和逃避这个顽疾，让你永远也无法达到自己的人生目标。

也许很多人会说每个人都害怕失败，难道不是这样吗？没错，也许你的担忧与麦琪的如出一辙。事实上，在我们的社会里，很难找到一个真的不在乎输赢，不拘泥于成败的人，关键的区别只在于每个人实现梦想的过程。

“我从自己的人生旅途中获得了什么？我尽全力了吗？”通常，修行的僧侣和敏锐的教练都会采用这种过程来训练自己或者队员。对于失败，每个人都会有不同程度的恐惧，但是当你的情绪陷入焦虑拖延症的死循环时，成功同样也会给你带来困扰。

如果以取得的成就作为自我价值的衡量标准的话，那么，生活无疑是个陷阱，而且大多数人也会毫无防备地陷进去。看看我们的价值观，总能想到这样一些关键词：财富、美丽、智慧。我们身边的很多人更是普遍地认为，它们就是决定我们满足感和幸福感的主要因素。

如果这还不具说服力，那就再回忆一下我们身边的电影或者电视剧中的主要人物，他们各个势必是集美貌与智慧于一身的才华横溢的俊男靓女，随着故事情节的波澜起伏，他们也发光发热，最终，往往不费吹灰之力就能轻而易举地获得举世瞩目的成就和幸福的人生。

但是，很多时候，作为看客的我们却忽略了重要的一点：这些完美的人其实是虚构的角色，他们只不过是按照剧本那样去说，那样去做。如若回到真实的现实生活，通往成功的道路简直无异于云霄飞车，再耀眼的明星也要经历上升、下降和停滞的过程，而每个人的一生又何以不会遭遇“成功”和“失败”这对搭档呢？实际上，人类生而兼具优点和缺点，这是人类的自然属性，没有人能够轻易成功。当然，也没有人总是会失败，一次失足或者一个缺点并不足以否定你的整个人生。

虽然现在的你很可能依然没有意识到这一点，但是当你一路从焦虑中走来，拖延症很有可能早已沦为你逃避失败的工具。于是，拖延顺理成章地成了“替罪羊”，成了你信手拈来的借口，将你和害怕失败的情绪隔离开，最终焦虑拖延症也就形成了。

看看那些习惯逃避的人吧，他们几乎从来都不会去尝试，不会去冒险，可以说，在拖延作用的影响下，在真实表现和实际能力之间无疑形成了一层缓冲层。如此一来，就有效地保护起自己，相比那些努力尝试了，最后却因为自己的无能而失败的结果，这种拖延导致的失败反倒从心理上更容易接受一些。

在接下来的内容中，你将学习如何克服对失败的恐惧心理，所提到的一些方法可以有效地帮助你提高工作效率，把握人生方向，这样你就再也不需要拖延症的保护了。

二、对成功的恐惧

又是一个周日的晚上，肖恩又一次失眠了，之所以会这样，还是他的担心在作祟，但是他的想法却略有不同：新的一周又要到了，如果我的老板有意提拔我，我怎么办啊？我可没有办法承担那么多的责任。如果我成了“老板”，我的朋友很可能就不会再和我一起玩儿，我可不愿意太引人注目了。如果与我合作的客户发现我没有他们想象的那么好，我该怎么办？

可以说，和麦琪一样，肖恩的脑海里也接二连三浮现出一些非常真实的画面，内心深处也被异常的焦虑困扰着，他甚至仿佛看到他的朋友们在餐厅都躲着他。

这么看来，对成功的恐惧同样也会导致拖延症，就如故事中的肖恩一样。没错，如同害怕失败一样，害怕成功也会令人陷入焦虑状态，久而久之，就会降低你的工作效率，阻碍你实现目标的脚步。当你为了逃避这种恐惧时，甚至还有可能会做出一些自我破坏和故意失败的行为。

现实生活中，有很多人就像肖恩一样，对潜在的成功感到十分惶恐。但是，与害怕失败不同的是，这种因为害怕成功而导致焦虑拖延症的人，根本不可能意识到问题的症结。他们只会觉得自己总是在前途一片光明的时候，表现得不知所措，这时候他们往往会表现得不好，或者让他人为他们的工作负责。

也许，你和肖恩有着相似的情绪，承担着很大的期望与责任，在这些压力的要求下，你不得不表现得更优秀。或者你是个过于在意他人评价的人，又或者你觉得自己根本不配获得眼前的成功。可以说，这些隐藏在你害怕成功背后的种种因素，正是导致你产生焦虑拖延症的罪魁祸首。

那么，导致一个人害怕成功的最明显原因又是什么呢？这就是极大的压力。试想一下，如果你优秀了一次，那么大家势必会期待你一次次都优秀下去，其实，你自己或许并不希望背负如此沉重的责任和压力。或许，你自己压根儿就非常担心你根本无法承担这些期待，“第一次的成功只是由于侥幸，接下来，我该怎么办？”事实上，对于一些焦虑拖延症患者来说，并不只是失败会让大家失望，甚至成功也会导致大家最终的失望。

还有另一种情况，有些人之所以害怕自己的成就，往往是因为害怕会拉开自己和家人、朋友之间的距离。回忆一下，在你的头脑里，是否曾闪过这样的念头：“如果我太成功了，大家就不会喜欢我了。”“如果我赢了，大家就会把我当成一个骄傲自大的竞争对手。”其实，这种对于成功的恐惧是极其荒谬的，同时也会导致焦虑拖延症的发作，使得这些害怕成功的人表现失常，自我破坏，拖延工作。最终，为了维持一定的平衡关系，这类拖延者只好选择以降低自我表现的形式来融入周围的人群，而成功于他们而言，更是变成了一种令人尴尬、特立独行的特征，就如自私、贪婪和好斗一样。

除此之外，还有一类焦虑拖延症，这类人往往认为自己不配获得成功。对此，心理学的一项研究也表明，较高的焦虑水平会让简单的任务变得难以完成。要知道，在心态平稳到崩溃之间有一个微妙的焦虑平衡点，只要焦虑度没有超过这个点，人们就能在焦虑的刺激下获得成功，不因压力过大而表现失常。对于这类人来说，成功原本就是属于别人的，他们从来没有幻想过自己也能登上成功的顶峰。

第三节　敢于直面恐惧的心理，不要做玻璃人

一、认识你的恐惧在拖延症中扮演的角色

为了扭转你的恐惧感，克服拖延症，首先要做的就是认识你的恐惧在拖延症中扮演的角色。我们都知道，当一个人有害怕情绪时，会极大程度地影响他的感受，进而影响他的行为。就好比故事中的麦琪和肖恩，当他们内心感到害怕了，于是，脑海里的画面就都是恐惧的、消极的。为了逃避这些恐惧，他们选择了拖延工作、迟迟不作决定，或是把注意力转移到其他事情上。

可以说，我们的思想和行为之间是存在紧密联系的，而认知行为治疗（CBT）这种治疗方法正是基于这种观点。这种治疗方法的基础非常简单，因为一个人的思想总会影响一个人的心情，那么改变你的思考方式，也就改变了你的内心感受。不仅如此，认知行为治疗法经过几十年的研究已经证实，这是一种极其有效的减缓焦虑症的手段。

在本节，我们将教你如何使用这种疗法来更好地发现、评估，战胜那些导致你害怕失败、让你感到焦虑、让你患上拖延症的思想。

二、战胜拖延症的练习

在本节，你将学会克服思想焦虑的方法，为了扭转你对失败或

成功的恐惧感，需要掌握以下 5 个步骤。

第一步：确认你的焦虑思想

扭转拖延症的恐惧之前，我们必须确认那些使你陷入沮丧和焦虑的思想：害怕搞砸工作中你负责的项目；担心在人生中做错决定；恐惧成功背后带给你的压力和责任……毫无疑问，这个过程可以让你清楚地了解焦虑是如何导致逃避和拖延的。这可是一个看清自己内心焦虑的好机会，千万别错过了。

不妨停下手里的所有工作，认真回想一下，最近几个星期，使你产生焦虑的某一个情况，这种情况可以发生在单位、学校、家里或任何地方。回忆之后，再请诚实地告诉我们：那时那刻，你的心中做何感想？你的大脑有什么念头呢？你又是如何应付这些念头的呢？你想象的情形又是什么样呢？

做到了这一步还远远不够，在接下来的一个星期，我们敢确信你或多或少还会感到焦虑或者出现拖延行为。每当出现这些状态时，你就立刻跟踪记录自己的思想，记录你遭遇的状况、你的感受、你的思想，当然，尤其要尽可能精确地记录那些涌入你脑海中的思绪，这些思绪可能是你当时的所感所想，也可能是曾经发生过的某些事情。

第二步：标记你的扭曲思想

了解了第一步，想必现在的你已经非常明确那些使你产生焦虑的思想了，下面就让我们好好剖析一下这些思想。事实上，在你感到焦虑或者沮丧时，产生的思想大多是不正常的扭曲的思想。这里所说的扭曲的思想意思是说，这种思想某种程度上是不现实的、缺乏逻辑性的。

下面就是几种常见的思想的扭曲方式，对照我们列出的表，你可以做个自我检查，思考一下自己的思想是否正在扭曲，或者是我们所列的一些例子听起来是不是很耳熟呢？

极端思想：生活中，有这样一类人总是以这样一种极端的思想看待世界。如果让他们形容自己的工作，不是极其优秀，就是极其失败；不是完美，就是一文不值。有这种思想的人，他们的人生也会变得很极端。通常，像“我的报告被百般刁难”“我是一个完全不可靠的人”“这个错误毁掉了我的一切”等等，都是这种极端思想的表现。

以偏概全：这种扭曲思想会使一个人习惯性地用少数的例子去推断大多数的事情。如果你的思想有这种以偏概全的扭曲，那么有一个线索可以使你发现这种变形，那就是，你经常会把“总是”或者“绝不”这些字眼儿挂在嘴边。通常，像“我总是把事情搞砸”“我永远都不会准时”“我的人生一团糟”等等，都是这种以偏概全思想的表现。

宿命思想：一个有焦虑拖延症倾向的人，在事情开始之前往往会认定自己要失败。实际上，当一个人用这种宿命思想去看待问题时，是很难客观地认识自己的未来，而且还会偏执地认为即将发生的事情早已是板上钉钉，无须努力。宿命思想的常见表现如：“这个会议没什么用处”“我可能会被开除的”“我绝不可能搞定这一切”等等。

疑心思想：当一个人害怕失败或者成功的时候，通常会猜测别人的想法，这就是典型的疑心思想。事实上，这种疑心或者猜测都是毫无根据的，这种看法也往往是负面的。下面几个例子就是疑心思想的表现："我的同事们都妒忌我""所有人都觉得我很蠢""他们都看穿我了"。

灾难思想：有些人即便犯了一个小错误，也会把它夸大成一个个可怕、无法挽回、不能接受的灾难。事实上，当这些人遇到很小很小的困难时，如果在他们的意识里，总是出现"可怕""恐怖""糟糕"这样一些词语，那么，他们很有可能已经陷入了灾难重重的思想中。通常来说，这些灾难思想有"如果我丢掉工作，就活不下去""如果大家发现我的手在发抖，那真是太恐怖了""如果我选错了，会后悔一辈子的"等等。

定论思想：有这样一种人，他们对于自己和周围的世界有着一套严格的自我标准。实际上，如果这种人将这种定论思想用在自己身上，势必会产生负罪感和不适感。因为他们所谓的自我标准在现实生活中往往是不能一直保持的，如此一来，只会平添无谓的挫败感。通常，定论思想的常见表现如"我应当始终保持一个清洁的房间""我应该一直拿满分的""我应当总是知道正确的答案"等等。

削减正面思想：如果你是个害怕失败的人，那么你就很难认识到你所做事情的积极一面。如果你是个害怕成功的人，那么你就很难领略到成功背后的美好一面。

如果在你的脑海中，时不时地会冒出这种削减正面思想的扭曲思想，那么，你自然不可能会成功，反倒是会把内心正面的思想全部用消极的思想来替代。

下面就列举几个削减正面思想的例子："我不配获得这样的成功，这只是侥幸""我的想法再好也没用，我会搞砸""上司赏识我又怎样，只会招来同事的嫉恨"等等。

多虑思想：在焦虑拖延症患者中，还有一种非常普遍的思想，这就是"多虑"，是指一个人自己吓唬自己，对还未发生的事情产生恐惧。如果你害怕失败或者成功，那么多虑思想往往会随之产生。通常来说，这些多虑思想有"我要是忘词怎么办""我要是错过了一个重要的研究方面怎么办""我要是顶不住压力怎么办"等等。

神经过滤思想：在现实生活中，有一种拖延症患者，他们往往只会看到事物的负面，并纠结于此，这就是神经过滤思想。其实，人世间，万事万物都具有正反两面，如果一个人总是过度沉浸于事物的负面，只会加重焦虑感，最终无法感受成就带来的快乐和享受。这种行为有"我简直不敢相信，我写错了这个字""真是烦死我了，他竟然在我的附近发短信""我衬衫上的这块污迹，让我看起来太不专业了"等等。

低估自己：生活中，有这样一种拖延症患者，他们总是低估自己处理困难、挑战、麻烦的能力，在他们看来，自己根本无法渡过难关，排除困难，取得成功，满足他人对自己的期望。通常，这种低估自己的思想如"我做不来""我坚持不住了""我无法应对挑战了"等等。

第三步：改变你的思想

看到这里，想必你已经了解了思想扭曲的方式，那么现在我们就要教你如何扭转自己的思想、改变自己的情绪。下文即将提到的这些方法可以使你的思想更加平衡，也可以使你在现实中警惕可能产生的焦虑情绪。

检验证据：当负面思想在一个人的脑海中闪现时，我们往往不去思考、验证，就会照单全收。其实，就算我们对于恐惧心理的评估是极为正确的，也不能有丝毫的松懈，反倒是要时刻警惕一切可能出现的负面思想，审查它们、质疑它们。切记控制、战胜负面思想的一个有力的武器就是：检验各种迹象，避免负面思想的滋生。

下面不妨自问自答以下几个问题，来进行一下自我检测：

有什么证据可以支持我的负面思想？

有什么证据又可以反对我的负面思想？

这两方面相比，哪一方更具有说服力呢？

面对这一状况，我又该怎么做呢？

总体替代：如果一个人的情绪完全被焦虑所控，那么，他的思想势必会被禁锢在那些令人沮丧的糟糕情景中。比如，当你的同事对你有些沉默或是干脆回避你，你心里可能会想："我的博学使他们不愿意接近我了。"也或者，当你的同事对你微笑，你可能会认为："他们一定知道我没准备好。"为了克制这种趋势，一个有效的方法就是用另一种解释替代之前的想法。请认真回答以下几个问题，了解自己对负面思想做出的反应：

最好的情况是什么样？

最糟的情况是什么样？

最可能发生的情况又是什么样？

还有没有三种以上的其他可能呢？

反灾难思想：当一个人被焦虑深深地困扰时，他的内心就会陷入一片灾难思想和画面中。“如果我搞砸这个项目，一定会非常惨。”“再也不会有人尊重我了。”“我一定会被炒鱿鱼的，我再也找不到工作了。”为了帮助你克服这些焦虑，这里介绍一个方法，那就是问问自己几个去除灾难思想的问题。

如果最坏能坏成什么样？

到底有多大的可能会发生这种最糟的情况？

如果出现了最糟糕的情况，我该如何应对？

过去我觉得会发生灾难的时候，猜对过几次？

画面置换：如果一个人深陷焦虑情绪，那么，对于未来那些可怕的画面就会源源不断地涌入他的脑海。比如，你会担心即将去做的演讲，于是，凌晨四点了，你还坐在破电脑前，疯狂地企图修复自己的幻灯片。也或者，一个人在报告厅中汗流浃背，口吃结巴。

事实上，事情往往很难像我们自己捏造的那样发生，而你所幻想的画面多半不会发生。当你在脑海中反复勾画那些可怕的画面时，一定要记住，你其实是可以选择的，那就是选择不要向这种负面想法提供能量。

要知道，如果一个人对于未来总是过于恐慌，那么，只会带来无尽的痛苦。既然你是可以选择的，那么为什么不幻想一些快乐、愉快的画面呢？设想自己口若悬河、对答如流；设想自己演讲结束后，听众对你报以热烈的掌声；设想你的上司同你握手，称赞你干得出色……总之，下一次当你察觉到内心的消极画面时，不妨试着将它们用这样一些积极的场景替换掉。

第四步：审视恐惧的根源

现在你已经了解到正是焦虑导致了你的拖延行为，那么，为什么你总是遇到这么多的麻烦事呢？也许，和周围许多人一样，你根本无法平心静气地思考为什么失败对你来说是一件可怕的事情。

但是，正如你所知，失败只不过是件平常的事而已，难道不是这样吗？爱因斯坦曾经说过：“没有犯过错的人，不可能取得新的成功。”亚伯拉罕·林肯也曾告诉我们：“成功来自于屡次失败仍继续坚持的热情。”其实，失败只不过是人生中的重要经历。既然连这么多伟大的思想家都对失败是成功的必经之路这样的话坚信不疑，你又为什么难以接受失败呢？总之，一旦你认清了恐惧背后的根源，也就准备好挑战它们了。想明白了这一点，你才能从恐惧的思想中解放出来，使你自己获得更加高效愉悦的人生。

第五步：练习对抗自身的恐惧

为了真正克服对失败或者成功的恐惧，你必须将这种改变运用到真实的生活中。这里提出一种最有效的方法，那就是面对恐惧。这种直接对抗自我恐惧的方法，我们称为“暴露疗法或是暴露和预防反应（ERP）”。

现今，ERP这种治疗方法已被证实是一种非常有效的治疗焦虑的方法。该方法表明，如果你反复被暴露在某一种情绪或者情况下，那么你的焦虑度就会随着时间的推移而递减，这个过程被称作“习惯”，这是我们的身体对于反复出现或是长期接触的事物的一种自然而然的适应过程。那么，这种直面恐惧的治疗方法是如何起作用的呢？

让我们举这样一个例子：当一个人第一次戴上手表的时候，在开始的那段时间，他总是会注意到自己戴着手表，不是时不时地调整表带，使其适合自己的手腕，就是取下手表。实际上，这种调整过程和间歇性的接触会增加我们对手表存在的意识程度。不过，一旦我们把这块手表戴了一段时间，那么，身体就会渐渐开始习惯它，于是，就很难发现它的存在了。

不管你信不信，这种习惯对于焦虑也同样适用。比如，有这样一个人，他总是害怕在公司开会的时候发表意见，因为他总是担心自己表现得不够好。后来，随着越来越多的同事在上司面前表现得越来越优秀，这个人也开始意识到自己必须做些什么，如此才能保住自己的饭碗。

于是，这个人决定在每一次会议上至少提出一个意见或者观点，并强迫自己这么做。虽说刚一开始的时候，对他而言，每次发言会有点儿夸张，但是即便如此，他仍然坚持这样做，甚至当发生了一些不愉快事情的时候，也未曾退缩。奇怪的是，随着他说的次数越多，他就感到越放松。最终，他的坚持得到了回报，焦虑也一天天地消失了。现如今，这个人已经变得不再那么害怕失败了，也不再逃避恐惧和焦虑，他甚至将它们视为习惯，视为平常的事。

三、练习对抗自身的恐惧

为了帮助你学会更好地面对恐惧，现在你可以利用下面列举的一些机会，当然，也可以自行发挥，先从面对小的情况开始，再逐渐面对那些更为严重的情况。情况允许的话，你要反复使自己处于这种恐慌中，直到这种情况不足以使你产生焦虑。

如果你控制了这种感觉，那么就要进行更深一步的练习。接下来，再挑选一些令你感到严重焦虑的事情，练习使它们成为你的习惯。我们有理由坚信：总有一天，这些关于小失败和小成功的练习会让你敢于直面人生中更大的恐惧！

练习失败：

在对话中读错字。

就餐时，掉落东西，发出很大的响声。

付钱的时候，忘记带钱包。

在买东西的时候，问售货员一个显而易见的问题。

端着一杯水，故意让自己的手颤抖。

在一个糟糕的日子，表现自己的失望。

练习成功：

在工作中，主动负责一个项目。

在很多同事面前作一个公开报告。

开会的时候，提出一个合理的解决方案。

跟你的家人或朋友分享你成功的点点滴滴。

对于别人的赞美，不论真假，简单地表示感谢。

告诉你的同事或是朋友一个很小的事实。

好了，本章的阅读与练习就到这里，想必现在的你已经非常清楚地认识到自己对于失败或者成功的恐惧，也非常清楚地认识到它们所引发的焦虑，以及对你个人的影响。如果现在你还是没能完全克服这种恐惧，或是不能直面那些使你感到害怕的事情，那么，就请你在时间允许的时候，重新阅读本章，并做一做相关的练习。如果现在你已经能够非常轻松地面对自己对于失败或是成功的恐惧，也敢于挑战随时有可能光顾的焦虑，那么你可以进入下一章节，我们将为你详细介绍一些用来克服拖延症的方法。

本节要领

在拖延的背后往往隐藏着对于失败或是成功的恐惧，当一个人对成功或是失败带来的后果产生担忧、焦虑的情绪时，就会出现拖延行为。

思想决定心情。通过改变想法，就能改变心态。

找出潜藏在内心深处的扭曲思想，可以有效地帮助我们对恐惧做出更合理的调整。

直面成功或是失败，可以帮助我们轻松地面对人生中更大的挑战。

第四节　准确定位自己的能力，幸福就在眼前

一、自我能效

先来跟大家分享这样一个概念——自我能效（self-efficacy），这个概念是由美国著名的心理学家班杜拉于 1977 年提出的。意思是指，人们对自己能力的评估，对自己能否顺利完成某项任务或是适应某种环境的能力的自信程度的评估。

回忆一下，当你面对一件事，或工作报告，或课程设计，或漏水的房间的时候，是否能够很快地做出自我评估？是否能够应付得来？简言之，在那个瞬间，我们能够审视整个任务，掂量自己的能力，并做好衡量。可以说，我们的自我评估是以自我能效为基础的，自我能效决定了我们完成任务的信心。

通常，如果我们觉得自己的能力完全可以甚至超过这件任务的难度，那么我们就把这种情况称为“可以胜任”，或是“高自我能效”。反之，如果我们觉得这项任务难度和我们的能力有一定的差距，那么我们就会把这种情况称为“无法胜任”“搞不定”，并称这时候的状态为“低自我能效”。

“我能行！”

的确如此，在一项任务的完成过程中，自信对于我们每个人而言，

简直起到了决定性的作用，这种对自我能力的信念甚至决定了我们下一步的行为——我们是采取行动完成任务呢，还是继续拖延下去？

实际上，如果一个人总是处于一种高自我能效的状态，那么，他势必会充满自信，奋勇向前，无所畏惧。反之，如果一个人总是认为自己根本不可能搞定所有的一切，那么，他也势必会选择逃避挑战。

举一个例子，在厨艺这件事情上，你在经过很长一段时间的努力练习之后，水平大有长进。但是，对于 K 歌，因为从未练习过，所以自然不会太动听。现在让我们做一个假设，你去参加朋友的生日 party。主人打算准备一些小点心，不过，需要有人帮把手。这时，客厅里朋友们正聚在一起 K 歌，你觉得你该去哪儿呢？如果你是个正常人，自然会觉得留在厨房的话，大可大展拳脚，你的自我能效非常高，理所当然会选择去厨房。

请允许我们再强调一下，现在我们讨论的是你对于自己能否完成一项任务的信心，记住这里的重点是信心，而不是能力本身——这也是拖延症的关键。事实上，如果一个人相信什么，通常就会有意识地自我实现什么。福特汽车公司创始人，“汽车大王”亨利·福特就曾说过：“你认为自己行，或者认为自己不行，都没错。”

在接下来的内容中，我们将向你揭示，其实，一个人的信念和实际能力往往是不相符的。虽说很多拖延症患者都觉得自己还很差劲，但是实际上，他们不仅有能力做好，而且还有能力做得更好，反倒是这些负面的信念降低了你的自我能效，最终导致拖延症的产生。

然而，拖延症又会反过来破坏你本身的自我能效。想想看，你是不是经常会这样：动不动就把什么事儿都拖到最后，然后再跟自己说："哎，是我自己没本事，搞不定这件事儿。"如此，拖延症就会对你的自信和整体能力产生负面的影响。

通常，如果一个人的自我能效处于正常状态，往往会诚实地认识到自己的能力。当其一次次地完成应该完成的任务之后，自然就会建立起强大的自我能效基础，拥有极高的自我能效，内心充满自信，相信自己"我行的，我一定能做好"。反之，如果一个人的自我能效一直处于低水平，就会进入一个恶性循环——觉得自己不行，拖延工作，这样就难以提高自己的技术。与此同时，自信也将消失殆尽。

通过下一节的练习，你将慢慢地发现自己的能效水平开始逐渐提高，而且你的自信心也逐渐增强了。

二、如何提高自我能效

1. 如何提高自我能效

现在我们已经明确了什么是自我能效，并认识到它在拖延症中起到的作用，下面我们就来说说如何提高你的自我能效，进而培养你完美地完成各项工作的能力。具体而言，就是下面五个步骤：

第一步：识别你的负面思想

第一步是使你相信自己拥有完成任务的能力，增强你本身的信心，摧毁那些打击你自信的拖延行为。为什么要识别你的负面思想呢？这是因为负面思想往往有着极大的作用，其一，负面思想对你的感受有着很深的影响。举一个例子，当艾丽面对极具挑战性的课程论文时，满脑子是不是装满了完成不了的负面思想？她一直在想：

“我的论文写得很烂”“我压根儿就不会写论文”。更糟糕的是，这些负面思想还使她的内心变得非常焦虑和压抑。其二，负面思想非常重要的另一个原因就是，它不单单会影响到我们的感受，而且也会对我们的行为产生极大的影响。

还以这个情景为例，你觉得在那种思想状态下，艾丽会有什么样的举动呢？迟迟拖着论文不写？干脆就不管它？或许，她还有可能干脆放弃这门课，然后选一些不用写论文的课程，以便补回这些学分。但是非常不幸的是，不需要写论文的课程几乎是没有的，最终艾丽只好选择退学，永远也圆不了自己的大学梦，并且永远也拿不到本科学历。

在任何情况下，人们都会做出先思考和感觉，然后再行动的反应。在上面这个情景中，我们提到了三种因子——你想什么？你感觉怎么样？你会怎么做？请认真考虑一下，事实上，这才是了解你行为模式的便捷方法。

请记住，思想、感情、行为之间的联系是自我能效的核心内容，而这也决定了你在任何环境下的行为模式。可以这么说，要想提高你的自我能效，就要改变你的思想；而改变了你的消极思想，你才能变得更加积极，更加效率。

接下来，你将学会如何处理好这些消极思想，在此之前，先让我们来掌握如何识别你的消极思想。请结合表 3–1，认真地想一想，最近一段时间，有没有什么事儿是你还没做就觉得要失败的，这是什么情况？你的任务是什么？当时你有什么感觉？又是怎么想的？想明白以后，请在下面的表格里写出诱因（使你产生挫败感的任务），当时的思想，当时的感受。

表 3-1 思想表

情况	感受	焦虑情绪	扭曲思想	克服方法	合理处理反应

如果你觉得不太明白，也可以看看下面关于艾丽的这个表格（表3–2）。

表 3-2 艾丽的思想表

第一步：

情况	感受	焦虑情绪
极具挑战性的课程论文	焦虑和压抑	我的论文写得很烂 我压根儿就不会写东西

第二步：识别你的扭曲思想

在上文，你已经了解了扭曲思想。回忆一下，扭曲思想就是那些篡改和歪曲了你本身想法的思想，很显然，这种思想是错误的、不真实的，甚至是毫无逻辑的。

通常，如果一个人完成工作的信心遭到歪曲，就会令其变得妄自菲薄或是产生拖延行为。一般来说，关于低自我能效的扭曲思想包括：

以偏概全思想：具有这种思想的人往往喜欢以少数代替大多数，以特例涵盖普遍。比如，如果你在一次会议上迟到了，就会认为自己永远也不可能准时。

宿命思想：具有宿命思想的人总是喜欢预测未来，设想自己没有完成这项工作，或者完全失败；设想所有的人都会对你很失望，通常具有宿命思想的人预测的往往是不好的未来。

削减正面思想：当一个人有这种削减正面思想时，往往会坚信自己不可能获得一些美好的事物。比如，如果一个人的项目得到了导师的肯定，这时他就会认为大家都得到了肯定，每个人都能做得跟他一样。

极端思想：具有这种思想的人喜欢将事物分为两个极端，所做的任务要么完成，要么失败，一切折中的思想都会被他层层过滤掉。

神经过滤思想：当一个人具有这种神经过滤思想时，只会关注事物消极的一面。比如，工作中，你在某方面遇到了困难，那么你就会纠结于这个部分，然后觉得自己在任何事情上都不能顺利完成。

现实生活中，这些思想都是很普遍的扭曲，现在请认真回忆一下你的生活，看看到底有多少个扭曲思想，有一个算一个地列在你自己的思想表中。对于艾丽的情况，在她的思想表中，负面思想这一栏是这样的（见表 3-3）：

表 3-3 爱丽的思想表

第二步

情况	感受	焦虑情绪	扭曲思想
极具挑战性的课程论文	焦虑和压抑	我的论文写得很烂 我压根就不会写东西	极端思想 削减正面思想 神经过滤思想 极端思想

第三步：用合理反应替代负面思想

如果现在你已经认识到自己的消极思想，也明白了正是这种思想导致你逃避困难，拖延工作，那么就说明你已经准备好进行第三步了。再次强调一下，你的思想、情绪和行为三者之间是紧密联系的。通过改变你的思维方式，改变你面临挑战的心理和行为，将使你感到更加充满自信，做起工作来也能更加得心应手。

在上文，我们学到了一些挑战消极思想的方法：检验证据、总体替代、反灾难思想、画面置换，你可以利用其中一个或是多个去挑战自己的负面思想，从而扭转你的情绪。

让我们回到你的思想表，从中挑选去符合你的情况的负面思想。如果你已经识别出思想中的扭曲部分，那么你应该准备好用一些更现实、更合理的反应去替换它们。

前面列出的一些方法可以帮你整体调整你要面对挑战的状态和对自己技能的评估，接下来，把这些写在合理处理反应一栏即可。

第四步：做实验

当我们产生了一种思想，无论是正面的还是负面的，对于我们自己是否有能力完成这项任务时，都会毫无疑问地接受这种思想。

艾丽就是认为自己不会写东西，在她看来，自己对自己的评价已经非常客观了。可是，别忘了，我们的想法往往会有意识地引导我们的个人行为。于是，就在我们告诉自己“我不行”，并且毫无疑问地接受这种设定的时候，我们选择了逃避、拖延。然而，不幸的是，这种逃避又会让我们更加确信自己的无能。

在这里，我们想要提出一种处理自我负面情绪的好方法，那就是用我们的自我能效做一个实验。通过这个实验，就能检测出你的负面能效的真实性。先来看这样一个案例。

距离下午六点的考试还有三个多小时，卡佛，即将上考场的一名 25 岁的研究生，决定推迟这次考试。当时差不多三点钟，他打电话到办公室，整个人显得很恐慌。“我不想参加这次考试了，这门课挂了算了，反正我就算上了考场，也考不好，因为我根本没有复习好。”看来，卡佛是认为自己“挂定了”，这种思想使他非常恐慌，准备不参加这次考试。

后来，通过很多人的劝说，卡佛最终决定重新思考自己，去做一个实验：他要参加六点的考试，虽说他还是怕得要死。当卡佛拿到成绩的时候，他更是傻眼了：B+。经过这次实验，卡佛明白了一个道理：无论什么时候，要学会检验自己的负面思想，而不是一味地相信自己想的就是真的。令人欣喜的是，卡佛的成绩非常好，没有挂科，而且他的自我能效也大大提升了。

由此看来，从今往后，当我们面临挑战或是任务时，如果内心充满了焦虑的负面情绪，想要逃避或是拖延的时候，不妨试着做做这个实验，检验你的负面思想是不是真的，还是只是你妄自捏造的扭曲思想。或许当你检验完之后，很可能会惊讶地发现原来自己能做得这么好。

第五步：提高技能

如果你经常练习第四步，那么你将获得越来越精准的自我评价。你的自我能效将得到提升，拖延症出现的概率也就越来越小。通过实验结果，你将发现自己真正擅长的内容和不擅长的内容，最终你将更加平衡、客观、真实地看待自己。

通常情况下，我们对于自己能否顺利完成一项工作的态度往往是扭曲和不正确的，而且我们对自己的评价也总是过于武断和消极。迫于担心、焦虑、拖延的影响，我们总是告诉自己，“我对此不在行”，“我无法胜任这些工作”。

事实上，有些时候，凭借我们自身的能力还真是的确难以完成这样的工作。但是即便身处这种情况，我们依然会努力完成这些工作，而这也势必会提高我们自己的素质。没错，当我们具备了新技术和新能力，整个人将会变得更加自信，更加冷静，更加充满激情地勇往直前！

首先，为了进一步提高我们的技能，我们需要花上几分钟，想想自己的强项是什么，然后再把这些强项逐条地写在纸上。当你这么做的时候，不妨想想看，在这些本应是你强项的任务中，你是不是也时常会拖延，而这些任务又理应是你渴望完成的工作。

你的强项：

1.
2.
3.

4.
5.

接下来，请认真地想想你不擅长的方面，当然，也包括不擅长或是做起来一般的工作。下面的地方是留给那些虽然你可以胜任但是却常常拖延的工作，这个部分可是颇具挑战性。当你识别出它们，并写下它们之后，请再次认真地想一想，当你完成这些工作时，又是什么样的场景呢？请暂时忽略自己的看法，或是他人的看法，再次认真地想一下，当你接受并完成这些对你而言并不是很有信心做好的任务时，你是不是也收获了一些积极的回报呢？

你以为自己做不好的事情：

1.
2.
3.
4.
5.

看过上面你所写下的这些内容，你有什么看法呢？事实上，这些内容会帮助你挑战自己的消极思想，还有那些质疑妄自菲薄的自我评价。利用那些你已经掌握的识别消极思想和扭曲思想的方法，发现它们，并用真实的思想去替换它们。

事实上，尺有所短，寸有所长，每个人都会有自己不擅长的领域。现在，让我们回忆一下，看看你需要提升哪些方面，也许这些内容是你不常接触的，也许这些内容是你没有机会锻炼的，也许这些内容是你不太了解的。

你的短板：

1.
2.
3.
4.
5.

现在对于你的短板，你应该略有所知了吧？接下来，再让你的大脑高速运转，思考一下如何提高这些不擅长的方面，然后，尽可能地把你能想到的方法一一写出来，比如，上培训班，请家教，阅读相关书籍，等等。

如何提高：

1.
2.
3.
4.
5.

实际上，如果你明确了如何提高自己的短板，那么，就立刻开始行动吧。当你逐渐地把自己的弱项变为强项，你就会慢慢地意识到，拖延症正悄悄地离你远去。刚开始的时候，也许你会退缩，但是，正如你所知道的那样，提高自己不擅长的短板，最好的方法就是不停地练习，只有通过有意识地努力提高自己的技能，你的自我能效

才会有一个很大的提高，从而将焦虑症远远地隔离在你的生活之外。

通过本节的练习，相信你已经深刻理解了自我能效的概念以及它在拖延症中扮演的角色，同时也完成了提高自我能效的五步走计划，并且认识到降低自我能效的消极思想，而且还学会了如何挑战应对它们。如果你具备了十足的能力和信心，那么，就让我们进入下一个阶段，踏上继续战胜拖延症的旅程吧！

本节要领

自我能效意味着一个人对于自己是否能够完成任务或者工作的自我评价。

如果我们不相信自己能够完成某项工作，那么我们就会陷入拖延的状态，甚至逃避这项工作。

本章提到的五步走计划（识别你的负面思想，识别你的扭曲思想，用合理反应替代负面思想，进行试验，提高技能），可以帮助你提高自我能效水平，降低拖延症在生活中发作的可能性。

第五节　我们都是一个普通人，但也要活得精彩

在这一节中，我们将向你讲述关于完美主义倾向更多的细节。完美主义究竟是如何导致拖延症产生的呢？不追求完美又是如何提高你的表现的呢？

一、说说完美主义者

提到完美主义，你一定会想到熨得溜光笔直的裤子、烧制精美的饭菜，其实，做一个完美主义者并不需要事事都要做到完美无缺，凡事只要以做到完美为目标，你就是完美主义者。

可是，在我们身边，依然有不少这样的完美主义者，他们总是努力做到完美，不能忍受一丁点儿的不完美，可以想见的是，这样的完美主义者往往注定逃不脱失败的命运。当他们找不到整理房间的完美规划，就会无法着手整理房间；除非他们见过全部的银行借贷，否则简直没法儿办理自己的税务。

实际上，事事追求完美并不等于成功，反倒是完美无瑕的行为方式很容易使人压力陡升，焦虑加倍。不妨回忆一下，曾几何时，完美主义的做法总是拖慢你的生活脚步，使你无法做出决定，让你永远处在堆积如山的任务中。追求卓越，这丝毫没有错，但是，如果长期逼自己完成不可能完成的目标，回答没有正确答案的问题，

这其中的压力只会将你压得喘不过气来。到头来，追求完美的最终结果只会换来筋疲力尽，毫无作为。

二、克服完美主义的方法

在这个练习中，你将学会如何识别自己的完美主义倾向，也将学习如何接受生命中的不完美和不确定。无论如何，请耐心并用心地读一读下面的文字，我们有理由相信，它一定会让你获得更加轻松、现实、丰富的人生。

不要完美，要自由！

如果现在你依然坚信自己不是完美主义者，那好，就请诚实地回答一下下面这些问题吧，我们相信，你总能找到最好的答案。

是□否□　你定下的自我标准是不是经常阻碍你而不是激励你？

是□否□　你是一个严于律己、宽以待人的人吗？

是□否□　你是不是总要花比别人多的时间才能完成工作？

是□否□　你是不是只有找到合适的时机才能开始工作？

是□否□　你是不是经常为小错误难受，在你看来，一点儿错误也是失败？

是□否□　你是不是总是计划的时间比实际去做的时间要长？

是□否□　你是不是总是做得不够好？

是□否□　你的标准是不是总赶不上时间进度，或是受到资源限制？

是□否□　事情给你带来的责任感是不是远超过它们给你带来的乐趣与满足？

是□否□　每当你遇到困难时，是不是总会表现得惊慌失措？

是□否□　你总是会为没有正确答案的问题和不确定的结果而头痛？

是□否□　每当你作决定的时候，是不是总会卡壳？

在这些问题中，如果你的答案有很多都是“是”，那么，可以肯定的是，你很有可能是一个完美主义者，而且也许你已经认识到完美主义倾向正大大地影响着你的生活和工作。好，别急，在这一章，我们将为你提供非常有效的克服完美主义的方法，具体而言，可以分为以下四个步骤：

第一步：挑战完美主义的信仰

对于完美主义者来说，只有完美的人才有资格被爱，才能被这个社会接受。在他们的世界观里，第二名跟倒数第一没什么区别，一次失败的任务就等于一个失败的人生。如果你还是不能清楚地判断自己内心的感受，不妨看看下面这个例子。

在艾伦还是孩童的时候，他就生活在巨大的压力之下，他的家庭要求他必须成为一个德、智、体、美、劳全面发展的好学生，每当小朋友们在外面玩耍的时候，艾伦就必须埋头苦读。后来，随着艾伦的日渐成长，家人对他的要求越发严格了。可以说，艾伦就是在这种环境下长大成人的。在他的眼中，没有什么事儿是足够好的，对他而言，任何一点点的瑕疵都是不能接受的。尽管艾伦已经是篮球队的明星球员，但是艾伦的父亲仍然时常严厉地管束他。尽管艾伦已经获得了法学院的硕士文凭，就职于一所中等的律师事务所，但是他仍然觉得自己的人生是失败的。当周围人问起他缘由时，艾伦总是给予这样的答复：假如做不到最好，那么一切努力都是徒然。

受这种完美主义原则的影响，艾伦每次做出的辩护内容往往滴水不漏，可是，他也为此花费了很长的时间去揣摩、去寻找，极尽所能地去寻找能够支持他辩词的蛛丝马迹的证据。但是，最终的结果呢？他还是无法决定辩护的方向，虽说耗费了不少的精力和时间，最后却什么也做不出来。

了解了完美主义者的信仰之后，请扪心自问一下，你觉得完美主义情结到底是激励我们奋发图强了呢，还是让我们沦为一个担心、压抑、焦虑的失败者？抑或是，完美主义只不过是引导我们走向收获的另一面——拖延症？

第二步：驱逐“应该思想”

如果我们跟一个完美主义者聊聊天，那么，我们或多或少会听到铺天盖地的“应该，应该”：

我应该把什么都做到最优秀。

我应该知道答案啊。

我应该能搞定啊。

我应该是个完美的朋友／伴侣／同事。

我应该是个有魅力有幽默感的人。

我应该能按时完成这个项目。

我应该不需要你的帮助。

我不应该揭别人的短。

我不应该犯那个错误。

看到这里，或许你早已诧异了，“我难道不也经常有这样的想法吗？”那么，现在请你告诉我，你感觉它们对你的表现和效率有什么影响呢？如果你跟我说，这样一些想法可以让你表现得更好，或是干得更出色，恕我愚昧，请暂且打住，好好地想一想，然后再问问自己。

事实上，如果我们规定自己应该做什么，应该怎么做，那么理论上说，我们也会努力想要做到这些事情。不过，“应该”这种思想可是非常难以实现的，它只会给我们的人生带来沮丧、失望和负罪感，而对别人的规定更是会给我们带来无谓的愤怒或是失望。试问一下，有谁可以保证自己一直做自己应该做的事情啊？又有谁可以决定什么事情应该是怎么样的呢？实际上，这些应该的“条条框框”往往是很难做到的，而这些不可能达成的目标只会使我们的整个人生看起来犹如一出巨大的悲剧，使我们自己变成一个彻头彻尾的失败者。

当然，我们应该呼吸，应该吃饭，应该给我们的孩子穿衣服，不应该伤害他们——这些本能和基本的准则应该除外，但我们不能把所有的事情都戴上“应该”的帽子。

练习题：摆脱你的“应该”

为了将“应该”这个词从你的字典里剔除，请不要胆怯，继续下去，下面这个练习可以帮你将你的“应该列表”减少到只剩下基本客观的行为准则。如果你正在这么做，可以参考下面给出的几个句型：

我可能可以……

我最好是……

这样可能对我更好。

我想要……

也许，这样我能感觉好些。

我希望……

如果是这样就好了。

刚开始练习的时候，你多半会觉得有些难，但是，请相信我们，这意味你需要进行更多这样的练习，因为“应该”这个词儿确实没什么好处，替换吧，别犹豫！

也许，你害怕没了规矩，不成方圆，担心自己没有了“应该”的准则约束，就无法做出出色的表现。没有关系，在这里，我们建议你先按照我们说的做一个星期。我们有理由相信，经过这一个星期的练习，你一定能摆脱“应该”带给你的罪孽感、沮丧和怨恨，而当你做每一件事情的时候，你是因为想做而去做，不是因为应该做而去做。到那时，你一定会万分惊讶地感受到：你的内心自由了。

毫无疑问，没有人希望自己生活在痛苦的挣扎中，都向往自由自在地飞翔，这样的“应该”难道不去一试吗？

第三步：做一个普通人

对于那些被完美主义原则所控的人而言，做一个普通人实在是太可怕了，因为他们从小就受父母的教导、老师的教育、电视传媒的宣传或是他们自身经历的影响，在他们的脑海里，时时刻刻都在提醒自己：犯错误是件极其令人可耻和羞愧的事情，凡事只有做到最好，才能被更多的人认可和接受。

不过，随着完美主义情结的加深，我们也许会更加容易发现这种情结的思维模式。刚开始的时候，我们往往这样想，最好的只能有一个，除了这一个，其他那些人，富有也好，聪明也好，都会变成失败者。如果你不这么认为，那就问问你的副总，问问奥运会银牌获得者，他们一定会告诉你更多。事实上，在这个世界，很多取得成就、做出贡献的人往往并非第一名莫属，第二名、第五名，甚至两百多名的人总是大有人在。

更重要的是，“只当第一”的这种想法其实是没有什么用的。如果你的思想总是被这种想法占据着，只会让你的生活充满不可想象的压力，让你为了不失败而选择逃避冒险、逃避挑战，而这一切也毫无疑问会让你离成功越来越远，这难道不正和你最初的意愿背道而驰了吗？

然而，别忘了，在这种情况下，拖延症这种顽疾反倒可以帮助你从一个侧面达到你的完美计划：如果你选择了拖延和逃避，那么，你将远离犯错，少做就会少错，不做当然就会错了，这样的道理，我们谁又不知道呢？但是，有一点你要明白，如果这样的话，你就永远不可能前进，不可能学习，不可能成长，更不可能成功了。

现在，请快点清醒吧。其实，每一个普通人都有自己的闪光点，而我们每一个人又都是再普通不过的普通人而已。从现在起，不妨试着降低生活标准，允许自己冒险、犯错，这样的你才能享受到自由幸福的人生。

第四步：接受不确定

为什么要接受不确定？什么又是不确定呢？毋庸置疑，不确定就是指那些前途未卜、结果未可知的事情。那么，哪些事情又是不确定的呢？其实，生命中的任何事情都是不确定的，小到我们每天遇到的每一件事都是不确定的：从清晨的闹钟按时响起，到晚上倒头呼呼大睡，在这一天当中，没有一件事情是你能够确定的。你不可能预计今天会发生什么，而什么又不会发生，实际上，不确定是生活中不可磨灭的一部分。

但是，对于完美主义者而言，往往喜欢控制生活中发生的所有事情，至少他们会极其自信地想象他们自己完全能掌控未来。在完美主义者看来，他们觉得自己应该知道事情会怎么发展。可是，问题是你不能。别忘了，没有人真的有水晶球，可以预知未来。你的想法可能会被枪毙吗？很可能。你会使别人失望吗？也有可能。

实际上，迄今为止，你一直都在利用拖延这个顽疾来逃避你必须面对的、不可知的、不确定的未来。这是因为你从来不出主意，所以你的主意永远都不会被毙掉；这是因为你从来不去冒险，所以你也就不会有未知的结果。

另外，有趣的是，我们的完美主义者往往会预测那些不确定的事带来的一定是负面的结果，这就让拖延症有机可乘。试想一下，你没有留给自己足够的时间去工作，可是，结果往往令人失望，但是这是你意料之中的事情。无论如何，意料之中的失败比起付出努力却又未知的结果，还是更容易让人接受，难道不是这样吗？因为如此一来，你就可以安慰自己，说，之所以会出现这样的结果，并不能代表你的真实水平，因为你原本就没有尽力啊。因为如此一来，你就可以安慰自己：要是给我足够的时间，我一定能做得更好。想想看，这样的安慰是不是让你感到很有安全感呢？如果你的经历与这样的描述颇为相似的话，那么，现在是时候开始行动了，试着练习接受每天遇到的不确定，试着克服自我安慰带来的拖延症吧。

练习题：练习接受不确定

在某些任务、决定或是事情面前，我们往往会有一种不确定的感觉，这种感觉让我们感到焦虑。当你试图拖延的时候，请试着学会接受现实，接受其实你并不知道会发生什么。接受生命中的怀疑，对消除你的拖延症极为有益，更重要的是，你会因此而变得更加出色。给自己一些时间，认真练一练下面几个句型，让自己享受生命的惊喜吧：

我也不确定。

也许会，也许不会。

未来是不可知的。

船到桥头自然直。

风险是人生的一部分，舍不得孩子套不着狼。

我也不确定哪条路是对的。

一切皆有可能。

做完这些习题以后，我们相信，你应该知道自己是不是正在遭受完美主义的折磨。如果你发现自己还没有完全摆脱完美主义的控制，还离不开“应该思想”，那么，就请再多花些时间和精力，挑战你的完美主义信仰，享受生命中的非完美和不确定吧。总之，用本章教给你的方法和技巧，只要你努力付出，总能消除自己的顾虑，享受生活中的非完美和不确定，从而抵制住拖延症的诱惑。

本节要领

不切实际的目标和标准往往是造成拖延症的幕后黑手。

摆脱“应该思想”，挑战完美主义信仰，是降低压力、提高效率的一条有效途径。

试着做一些不完美的事，你一定会有新的感受。

学会接受不确定，将使你敢于冒险，也会使你逐渐摆脱拖延症的困扰。

第四章
消除拖延症：设定有效的目标

无论你是偶尔磨磨蹭蹭的普通拖延者，还是把“明天再说”当成座右铭的“拖拉大神”，在与与生俱来的行为顽症对抗时，一定要好好阅读本章。也许，这些内容并不能立刻救你于拖延的沼泽，但是它的意义更在于告诉你如何掌握自救之法。

第一节　正念训练：集中精力做好当下之事

在本章节，我们将带你进入一个叫作“正念”的训练，通过这个训练，你可以有效地摆脱焦虑情绪，并远离逃避和拖延症的困扰。

为什么这么说呢？因为焦虑就是一个恶性循环，而我们的思想又对制造焦虑做出了“不可磨灭”的贡献。看看焦虑拖延症患者的现状吧，无论是对过去失败的纠结，还是对未来结果的恐惧，只要这种思想掠过脑海里，都会导致他们焦虑情绪的增加，最终使他们毫无工作效率可言。所以说，为了不给焦虑提供机会，帮你好好活在当下的这种正念训练是大有裨益的。

一、何为正念

正念意味着活在当下，全神贯注地关注今天，有目的地努力过好现在，不去作无谓的思考。正念训练可以帮助我们活在当下，关注今天，不纠结于过去，不惶恐于未来，即便你的思想又飘走了，通过这种训练也可以把自己拉回现实。

总之，通过这种正念训练，你将更加清醒地认识到自己的思想、情感，也将更加有力地活在当下。另外，更为重要的是，通过这种正念训练不仅能够让你明白现在才是真实的，还会帮你摆脱无谓的思考、无谓的拖延，冲破焦虑、自责、担忧和悔恨的牢笼。

正念和焦虑

从上文我们得知，拖延与焦虑就是一对孪生兄弟，而焦虑拖延症又多数与对未来的担忧有关，或是因为不堪承受外界的期待从而造成拖延。这种情况下，正念训练就可以帮你很好地集中精神活在当下，促使你产生自我同情和自我接受，如此一来，你就很难再感受到对过去的焦虑或是对未来的担忧了。

研究结果也显示，正念训练在帮助减轻焦虑、担忧、压抑等方面有很好的疗效。实际上，这种训练对于控制焦虑拖延症患者的普遍情绪是非常有效的，一旦你的焦虑情绪减轻了，也就不再选择逃避，也就不会被未来可能出现的失败压得喘不过气来，当然，各种工作也就能顺理成章地进行下去了。

我们相信，通过本章的学习，你一定会懂得如何忽视造成你拖延焦虑的那些思想和情绪，让你的灵魂和内心自由飞翔，让它们在今天的阳光下自由地飞舞。

二、随时随地都能进行的正念练习

对于正念练习而言，虽说随时随地都能进行，但是刚开始的时候，最好选择一个你认为最适合的时间和最适合的环境，因为安静、舒适的环境可以帮你更好地完成练习，进而集中自己的意念。

现在就请找一个适合你的时间或是地点进行正念练习，并在下面的空白处记录下你进行练习的时间和地点。需要注意的是，刚开始进行这种正念训练，难免会需要点时间，如果一开始的环境不那么尽如人意，也不必过于担心。只要找到适合自己的正念练习方法，并有规律地进行下去，总能大大地提高练习的成功率。

我在哪里进行正念训练：________________

我什么时候进行正念训练：________________

第一步：全神贯注地呼吸

呼吸是生命存在的基础过程，是在我们每个人都毫无察觉的情况下进行的。通过全神贯注地呼吸，我们会更加专注地过好每一天，甚至于当你觉察到自己的注意力正在被分散的时候，也能立即重新全神贯注起来。虽说最开始进行这种练习会有一点点难，但是，随着练习的深入，你一定会发现自己慢慢地爱上了这种练习，而且你还会做到在任何地方都能随心所欲地、专注地练习呼吸，甚至情不自禁地想要不停地练习。总之，这个环节的练习可以使你更加投入地用心生活，真心生活。

练习题：全神贯注地呼吸

1. 闭上眼睛，做深呼吸的练习

当你深吸气的时候，要用心感受自己的胃部收缩；当你深呼气的时候，也同样要用心感受自己的胃部膨胀。当然，你也可以边呼吸，边说“呼”“吸”，从而指引自己专注于呼吸，感受新鲜空气进入你的身体。

2. 自由地呼吸，不要去控制

当你进行这套练习的时候，你的意识难免会出现模糊的情况，即便如此，也要把注意力全部集中到呼吸上。忘掉上一次呼吸或是下一次呼吸，只专注于现在正在进行的这次深深的呼吸。

3. 关掉手机和电视机，把干扰降到最低

为了保证理想的练习效果，你需要单独待一会儿，至少二十分钟不要让任何人打扰到你。当然，一定要选择一个你认为舒服的地方坐下来，并且注意你的姿态，让你的背部、颈脖、头部都放松下来。

4. 坚持到你设定的时间为止

轻轻张开双眼，感受自己的内心，并缓缓起身。当练习使你感到全身舒畅时，就意味着无论什么时候你都能通过集中意念呼吸来集中注意力，同时放松你的身心。

当然，在练习的过程中，千万不要担心自己做得不好。呼吸本来就是因人而异的，但是一旦你感到意识渐渐模糊分散了，就要努力把意念重新集中到呼吸上来。此外，你也可以把你的练习结果记录在下面的表格中（见表 4-1）。不过，要记住一点：不要拿来和别人比较，也不要去评估好与不好，你只需集中意念呼吸就可以了。

表 4-1 全神贯注地呼吸表

日期 / 时间	练习时间	备注 / 思想

第二步：全神贯注地吃饭

大部分人吃饭都没什么讲究——在车上吃，在办公桌上吃。

和呼吸一样，吃东西也是生存所必需的条件，当然，也是我们不会刻意去关注的行为。开始进行练习之前，请先认真回忆一下你在饭桌上的表现，并详细地记录在下面的空白处。

吃了什么？______________________________

在哪儿吃的？____________________________

吃饭的时候，还做了什么？________________

吃饭的时候，你还想了什么？______________

你和什么人一起吃的饭？__________________

你还记得吃的食物是什么样子吗？__________

你还记得吃的食物闻起来是什么味道吗？______

你还记得食物的味道给你留下什么印象吗？____

对于上面这些问题，或许很多人都能轻而易举地回答出前四个，但是剩下的问题想必就没那么容易了。这是因为我们大多数人往往会比较容易记起他们吃了什么和就餐环境的细节，但是，对于就餐体会却很难记得住。事实上，留意自己的吃饭行为是一种联系当前情境，放慢和注意已经习以为常的习惯的一个大好的机会。就像吃饭一样，如果你能试着留意这些习以为常的行为，那么，你将会更容易注意到那些令你自己养成拖延症的习惯。

练习题：用心吃饭

1. 选择一个就餐时间（或是你自己选择的时间）练习用心吃饭或点心，练习的时候，要尽量伴随着呼吸练习，选一个舒服的姿势坐下，并找一个不会被他人或是电视、电话等干扰的地方。

2. 将食物放进嘴巴之前，请仔细地端详一下，从它的颜色、它的质地到它的形状，同时并留意它的味道是怎样的。

3. 留意你的生理反应和所有你正经历的身体感觉，你有没有饥饿或者你是否吃饱了？你的嘴巴分泌唾液了吗？

4. 留意食物吞到嘴里的时候，它的味道和它在你舌头上的感觉。味道是什么样的呢？甜的，酸的，还是其他？然后，再慢慢地咀嚼并吞下去，留意你的身体感觉是怎样的。

5. 留意你的想法和感觉，要知道，在这一过程中，你是那么容易走神。然后，再将你的思想温和地带回到就餐的过程中，但是请不要评判它们——让它们轻轻地闪过，然后继续留心就餐就好。

6. 在你就餐的过程中，试着去感觉每一口食物，并将每一口食物的味蕾体验都看作是一次新的经历，就算是一不小心走神了，也要坚持将自己的思绪带回到就餐经历中来。

7. 尝试用每天至少一次快餐或是正餐来完成这个练习。经过一段时间的练习之后，你将变得越来越自然。

第三步：审视你的内心、你的思想

“我永远不会完成。”“我根本不够好。”“我现在还不能做它。”很多时候，这些想法总是如此熟悉，以至于你根本注意不到它们。然而，就是这样一些连续不断、冗长的烦恼以及自我怀疑，一而再再而三地导致你逃避、分心和拖延。事实上，我们的思想正深深地影响着我们的感觉和情绪作出反应的方式。

而通过正念练习，不仅能帮助我们明白这些想法，还能帮助我们脱离它们。别忘了，想法终究是想法，是不真实的，是暂时的，也是转瞬即逝的，这样一些想法不能代表你，也不能定义你，甚至于它们什么都不是。接下来，请试着做做下面这个练习，它可以让你了解你的想法是什么，其实，你的这些想法只不过是你脑子里的构想而已。

练习题：审视你的思想

1. 选择一个舒服的地方安安静静地坐下来，集中精神做几次深深的呼吸，并且体会新鲜空气带给你的感受。

2. 不要去判断，而是去标记脑海中的每一个思想。比如，不要这样想：我的发言一定会很糟糕；而要这样去想：我想我的发言一定会很糟糕。再比如，不要标记成：我是一个胆小的人；而要标记成：我想我是一个胆小的人。

3. 紧盯脑海里的每一个念头，把它们看成是蓝天上的一朵朵云彩，正飘进你的思绪中，不作任何停留。记住一点，你只是看着，静静地盯着它们，看着它们在你的大脑里飞过。

4. 从思绪进入你的脑海开始，就要试着看着它，标记它，留意，标记，凝视，留意，标记，凝视……每天坚持这种练习五分钟或是直到你身心舒畅为止。

5. 当你可以自如地留意、标记思想，凝视它们划过你的脑海，那么就请每天都试着这种练习吧。当你留意到自己的内心划过焦虑、担忧、拖延的思想，也请标记下它们，然后让这些思想就这么滑出你的脑海。

第四步：全神贯注地完成每天的工作

为了练习你的专注力，你还可以留意生活中正在发生的每一件事情，比如洗漱、做饭、穿衣等，这个方法既可以帮你活得更加注重细节，又可以帮你从对过去或将来的焦虑和烦恼中走出来。具体而言，需要注意下面几个要领：

1. 从你每天都自然而然会做的工作中找出一项，切记不要想太多。这些工作可以是任何事情，比如刷牙、做饭、穿衣、散步、淋浴或是开车上班。

2. 在下一周，每当你做这些工作的时候都要更加用心地去做。与此同时，还要运用所有的感官去留意你的整个身体，比如某样东西感觉上、闻起来、听起来、看起来和尝起来是怎样的。需要提醒的是，你还要留意那些你不经常会注意的东西，尽可能地让自己沉浸在这种氛围中，让自己的活动变得更加有意识和深思熟虑起来。

3. 当你的注意力开始涣散时，不要以为自己的精神已经恍惚，你只需要将它带回到手边的这项工作就可以。

实际练习中，为了引导并鼓励自己继续练习你对日常工作的认识，还可以用下面的图表（见表 4-2）记录你的成功。

表 4-2 全神贯注地专注每一项工作

日期 / 时间	练习时间	备注 / 思想

第五步：每天都只关注自己

如果有一天，当你发觉自己又开始焦虑、逃避或是拖延时，就可以立刻用下面这个练习把你的注意力拉回当下。请记住一点，正念练习在何时何地都是可以进行的。

练习题：时刻保持专心

1. 停下手里的事情，做一个深深的呼吸。
2. 将你的精神集中在视、嗅、听、品、感上。
3. 环顾四周，凝视三样你看到的事物。
4. 请注意，你听到了什么？试着听到三种不同的声音。
5. 试着感受三种你碰触到的东西。
6. 请格外留意你的嗅觉和味觉。

实际上，当你担忧焦虑发作或是觉得自己需要自制的时候，都可以进行这个练习。最终，你会发现一天中你需要做很多次才能把自己的意念集中在当下。进行这个正念训练的过程中，你还可以在下面的记录中写下自己的练习状况。

集中训练

所见：

1.
2.
3.

所听：

1.
2.
3.

所闻：

1.
2.
3.

所感：

1.
2.
3.

所品：

1.
2.
3.

如果你非常认真地留意并体验自己的感受，我们相信你一定会惊讶地发现，原来自己居然能感受到这么多的信息。虽说不需要你每次做正念训练的时候都能把这些感受一一记录下来，但是如若能在前几次把自己关注的内容都写下来的话，这对减轻你的失控和焦

虑感还是会非常有帮助的。

当然，在这个过程中，如果有些内容使你分心了，请不要犹豫，不妨跳过这个步骤。无数事实可以证明，随着练习次数越多，你就越能把精神集中在当下，心态也会变得越来越和谐、自然，随着内心力量的提高，焦虑和拖延也会离你越来越远。此外，经常在日常生活中操习这套正念训练，也非常有助于保持一个平衡的身和心的状态。

本节要领

通过本章的练习，你会体会到今天的重要性，当你产生焦虑、拖延时，会把自己的意念拉回现在。

如果你是一个习惯性拖延症患者的话，正念训练对你来说的确是个挑战。即便如此，你也要忘掉过去，忘掉未来，只想着现在，努力活在当下。

刚开始进行正念练习时，你可能会感到诡异、别扭，或是无聊。但是，利用正念训练减轻内心焦虑是需要一定时间的，而要告别拖延症甚至需要更长的时间。

第二节　暴露疗法：循序渐进地克服恐惧

“你太担心了吧。”“别担心，慢慢就好了。”如果你患有焦虑拖延症，那么，这些话你一定听得耳朵都起茧子了。实际上，对于很多焦虑症患者而言，他们也想控制自己的情绪，让自己不再担心、焦虑。可是，焦虑症患者往往无法集中精神，虽说他们也试着想想别的事情，控制焦虑的蔓延。然而，最终还是选择了逃避、拖延，因为只有这样，他们才能从焦虑的情绪中暂时缓口气。表面上看这很合理，我们也时常会听到这样的安慰：“如果有什么事儿让你担心，索性不要想了。”“你不喜欢做什么，就不要做了。”这个方法不是很合理吗？可是，为什么偏偏不起作用呢？

一、“逃避”的陷阱

其实，这种逃避问题的解决方式只是一种自欺欺人的想法，把令我们头疼的事情放在一旁，随我们的心愿做我们想做的事，可是逃避了，问题依然没有解决。话说回来，要是逃避就能万事大吉，还会有人看这本书吗？如果你是一名拖延症患者，那么，你肯定比任何人都清楚，把该做的事情往后拖，对自己毫无帮助。

事实上，拖延和逃避不可能帮你作决定，也不可能帮你完成工作，甚至根本不可能真正减轻你的焦虑感。因为你不可能彻彻底底把你要下的决定或是要做的事情抛诸脑后。更可怕的是，如果你一味地逃避问题，更会使问题加倍，思想反而更被困住了。

如果你还是不甚理解这一点，不妨做做下面这个练习，通过这个练习，你会了解到压抑或是逃避焦虑思想的后果，并且认识到逃避和拖延对于现实是徒劳无功的。

找一个计时器或是闹钟，设定一分钟的时间。闭上眼睛思考你喜欢的任何事物，不过有一点，你想什么都好，千万不要想红色气球，更不要去想“气球”这个词，哪怕是在脑海中幻想气球的样子也不行。好，从现在开始，你自己算算在这短短的一分钟内，“红色气球”进入你的脑海有多少次，不管仅仅是这个词儿，还是气球这个形象。

如果你是个普通人，在这个练习中，我们相信你完全不会想到红色气球的可能性几乎为零。实际上，你越是不愿意想红色气球的画面，它出现在你脑子里的次数就会越多。事实上，科学研究早已发现：我们越是尝试压抑我们的感情，越会导致这种情绪的加倍产生。如果你说自己在一分钟之内没有想到有关红色气球的信息，但是这种状态也很难长时间保持住，因为“保持”本身就是件极其累人的事儿。

对于拖延症患者来说，这种逃避就会使他们陷入永无尽头的恶性循环：担心—逃避—担心—逃避。于是，为了暂时缓解焦虑，你会不停地找东西来吸引自己的注意力。事实上，你永远也不可能得到内心真正的解脱，因为焦虑的源头就在那儿，你的生活永远都无法获得快乐。也就是说，虽说你能够做到不去想那些令你担心的事情，但是在困境面前，你依然无所依傍，因为逃避使你不舒服的想法并没有从根本上得到解决，反而随着时间的推移，还会使你陷入更加严重的恐惧情绪中。

这是因为一旦一个人选择了逃避那些使其感到沮丧的思想，那么在他的心里就已经把这些思想打上了危险的标记，但凡日后再次碰到这种事，就一定会选择退缩。可以说，是逃避这种做法，在一定程度上摧毁了你的自信心，摧毁了你承受这种情绪的能力，使你永远没有机会成长，使你变得无法克制焦虑的心情，使你永远都不会去尝试面对，也永远不会知道勇敢面对的结果会怎样。

看到这里，想必很多人都会有这样的疑问：既然逃避和拖延不可能帮自己建立自信、提高效率，但是如果选择有意识地面对困难，是不是就能减少担心和焦虑呢？是的，科学研究表明，自我认识行为治疗，包括暴露疗法、面对恐慌焦虑的疗法都能帮你有效地减少焦虑和担忧。

二、习惯担忧

主动担心就能减少担心吗？也许，很多拖延症患者都曾提出过这样的反对：我们已经够烦心的了，可是，这对问题的解决没有一点帮助啊。但是，这里要说明一点，大家所说的主动担心往往是指在一个时间同时担心好几件事，这叫作连锁反应。通常，这种反应发生的速度总是极快，当事人很难有机会把注意力都集中到一个内容上，往往要分别关注这些使你担心的事情才能对每一个困难做出相应的处理，最终消除焦虑感。

以你最近一次担心的或是拖延的事情为例，从税款单、工作项目、学习项目到打扫车库，一个接着一个，担心了这个，又担心那个，这时候可能你脑海里迅速闪过了许多念头，都让你感到强烈的担忧。

“真不知道从哪儿下手好。”

“我为什么总是做不完。”

“事情会变得越来越糟的。”

“我真是做不来，搞不定。”

不仅如此，你在作抉择的时候，也会陷入强烈的担忧中，是选择健身房，还是选择幼儿园，抑或是选择牙医。如果就这样一直错乱下去的话，最终你会发现自己什么都无法决定。

其实，有意的焦虑接触必须是一次处理一个焦虑思想，这是因为如果我们关注这种思想的时间越长，内心的烦躁就会越少。而且研究也已证实，坚持关注那些令你焦躁不安的思想，你的焦虑感将会逐渐减轻。反之，如果长期处于逃避的状态，只会使你的焦虑成为一种习惯行为，最终陷入焦虑状态而无法自拔。

所以说，从现在开始，试着只关注一种焦虑思想吧，试着找到解决困难的方法吧，而不是分散自己的注意力。久而久之，你的焦虑感就会逐渐减轻，自信心会逐渐恢复，工作效率也会逐渐提高。

三、暴露疗法是如何克服焦虑拖延症的

你有抓住暴露疗法治疗担忧的诀窍了吗？你准备接受挑战吗？下面就请跟我们一起去战胜你的焦虑拖延症吧。具体而言，可分为以下三个步骤：

第一步：提升暴露等级

直面自己害怕面对的事情，这是不是听起来有点匪夷所思？别担心，我们会教你如何一步步地面对这些恐惧，从最轻微的级别开始，再慢慢过渡到令人最害怕的事情。这是因为如果从一开始就选择练习面对比较容易的挑战，那么，这无疑可以帮你奠定战胜巨大恐惧的坚实基础。

首先，你需要为令你感到焦虑的事物打分。我们把令你感到无比焦虑的事情定为 100 分，显然这是焦虑的最高级，而把不会令你感到烦躁的事情定为 0 分，居于中间的 50 分刚好是中间水平的焦虑和压抑，这说明虽说你有点儿小烦躁，但仍然是可以接受的。

接下来，你需要想象一下，当你处于一种焦虑、担忧的情绪中时，你会有什么样的感受？或是当你想要逃避和拖延的时候，你的这种感受到底有多强烈？通过这样的方法，我们可以评估某种焦虑思想的分数。然后，你还需要试着把你的思想做一个分级，从低到高，至少分成十个等级，当然，也可以因人而异，超过十个或是不足十个等级都可以。为了便于你的参考，不妨看看下面这个莫妮卡是如何为自己列出级别的。

莫妮卡非常担心医生责怪她超重，或是担心检查时查出她有什么毛病。她想等到自己身材好一点了，再去看医生。可是，几年过去了，她的体重还是那个样子，甚至还在攀升，这让莫妮卡更加焦虑起来。为了让自己能够勇敢地预约医生，不再为健康问题而担忧，于是她使用暴露疗法，让自己面对那些焦虑、担忧的思想画面。下表（见表 4-3）就是莫妮卡的暴露疗法表。

表 4-3 莫妮卡的暴露疗法表

令你感到焦虑、担忧的思想画面	这些事情的焦虑度
为医生说我得了重病而担忧	100
自己正在待诊室等医生	90
看健康小手册	85
医生说我超重，要求我减肥	80
自己称体重的画面	70
担心自己患了癌症，不知如何是好	65
其他人觉得我在诊室待得太久	40

从上表我们可以看出，莫妮卡把自己去见医生这件事，按照分数分成了焦虑度不同的几个级别，想象自己在诊所里可能遇到的所有事情。

现在轮到你了，为了更好地运用这种暴露疗法，首先，你需要确定两点：一是先设想一个令你感到焦虑的场景，设想一个你一直逃避的问题；一是假设这一个思想，这一个情景画面，以及你对这件事情的担心，并且把使你感到最焦虑的事情定为 100 分。接下来，你再选择一个使你感到普通焦虑的事情，并把它定为 50 分。最后，把剩下的那些使你感到烦心的事情、思想、画面都列出来。

现在根据你已经列出的两点，分类是不是容易多了。如果正如莫妮卡一样，你也会遇到一些直接引发你担心的场景，那么你也可以把它们填进下面的表格中（见表 4–4）。

表 4-4 暴露疗法表

令你感到焦虑、担忧的思想画面	这些事情的焦虑度

第二步：选择有效的暴露方法

为了帮助你解除焦虑，这里提出两种对你克服焦虑拖延症特别有效的方法。当然，你也可能需要同时结合这两种方法来克服你的恐惧和担心，因为这两种思想都会诱发你的焦虑。下面就来说说这两种特别的方法。

方法一：真实暴露法，又称仿真暴露法。这种方法是让你自己真实地模拟令你产生恐惧的场景，可以是买新衣服、去上课，也可以是当众演讲。事实上，你个人的内心恐惧决定了模拟何种场景比较合适。

方法二：想象暴露法。当你试图处理你的焦虑思想、担心或是紧张情绪时，也可以利用想象暴露法。这种方法是利用你的想象力将自己暴露在焦虑状态下，你可以想象自己的焦虑，再用笔写或是用录音，反复说出令你感到害怕的情形，直到感受到真正的焦虑。比如，你可以想象上司的责难、没有通过驾照考试、做错决定，所有令人感到讨厌的事情。

步骤一中的主人公莫妮卡就是同时利用真实暴露法和想象暴露法，使自己逐渐地解决了更高级的焦虑。比如，她反复阅读健康营养手册，反复看关于心脏病的宣传册，直至自己感觉不是那么焦虑（显然，这里应用了真实暴露法）。另外，她还设想了护士问她为什么这么久还不来诊所称体重的情景（显然，这里应用了想象暴露法）。不仅如此，她还想象了医生说自己超重，要求她减肥的画面：

“我在一个陌生的屋子里等着医生，这时，我隐隐约约地听到医生说话的声音从不远处传出来，不过，我也不确定。但是，只要一听到这个声音，我就感到很害怕，觉得自己很脆弱。我低着头，两只眼睛死死地盯着自己的鞋子，我反复告诉自己，只是待一会儿，马上就走，或许，我还可以趁没人发现时悄悄地溜走。但是就在我胡思乱想时，突然听到有人来敲门了。紧接着，就是我的医生来了，看起来他挺高兴。但是，即便如此，我也忧心忡忡，我知道他一定对我很失望，虽然他给人很亲切、很温和的感觉。医生一见到我，就开始看我的检查结果，转瞬间，他脸上的笑容消失了。他看着我轻声地说：‘莫妮卡，你比上次来诊所又重了，你难道不知道你是有家族病史的吗？这可不太妙啊。我认为你需要马上开始运动节食，不然的话，恐怕会严重影响你的身体健康，现在我就要安排你去见护理师。’听了医生的这番话，虽说我知道他是对的，但是他那种不满的声调还是搞得我头痛不已，而且这让我很尴尬，恨不得马上就逃走。”

莫妮卡写下这些场景之后，还把它认真地录进了收音机，这样一来，听起来就能想象到非常逼真的画面了。刚开始的时候，就连她自己都很难坚持听下去，恨不得马上关掉收音机。但是，她还是努力告诉自己，一定要集中精神，一定要努力听下去。实际上，如此简单的画面，她每次都要练习二十到三十分钟。后来，随着听的次数的增多，莫妮卡惊讶地发现这件事情反倒变得更容易坚持了，而且令她欣慰的是，之前的焦虑感也逐渐减轻了。最后，当莫妮卡听到这个故事时，再也不会不安，于是，她决定去预约体检。当医生如往常一样，和她说起体重问题的时候，莫妮卡明显不那么焦躁了，而且也没有了之前强烈的逃避欲望，这一次，她唯一想到的就是解决体重问题。

第三步：练习面对

看到这里，想必你已经设定好自己焦虑的等级，而且也找到了暴露训练的不同方法。接下来，你要做的就是不断地练习，下面的指导可以帮你完成这个暴露练习。

首先，你需要挑选表格中焦虑度最低的事情，并由此开始，虽说这些事情比较有挑战性，但是实际操作起来却并不是特别困难。

其次，你需要练习把自己暴露在上述思想、环境、担心状态中，直到你的焦虑减少了至少一半。换句话说，如果你选择了焦虑度为 40 的一项，那么你必须集中精力地进行练习，最起码也要将焦虑度降到 20 才行。

在每次开始练习的时候，你应该发现自己的焦虑峰值都会有一点点的降低。事实上，你需要持续不断地练习，直到这一项内容无法再使你感到任何焦虑情绪，然后再进行更高级别的练习，并重复刚才的过程。

总而言之，这套暴露训练可以帮你消除焦虑感。虽说一开始你可能会发现焦虑感不降反升，事实上，这种现象是非常合理的，你的焦虑度至少要到中等水平才能达到有效的暴露练习效果。当暴露练习结束时，你会欣慰地发现自己的焦虑度比之前的最大值已经减少了很多。另外，在整个练习过程中，还会出现这样一种情况：随着练习的深入，你会发现焦虑度的下降速度会不断加快。请记住，这就意味着你正在建立长期有效的焦虑承受能力，而你忍受这些环境、思想的能力也在逐步提高。因此，这种情况下，如果你有身心疲惫的感受，那也是正常的。

不过，在进行这套训练时，也有一些要领要格外注意，下面这些小建议对你就有很大的帮助。

1. 三天打鱼、两天晒网是不可取的，所以，每天都要进行暴露训练，这会使你一直停留在同一个焦虑练习层面，让你的努力更有价值。

2. 在暴露训练过程中，尤其是早期阶段，一定要坚持下去。在早期阶段，很多人往往想要放弃，因为面对焦虑可不是什么好滋味，很多人会在焦虑度达到峰值的时候选择停止练习，或是在即将成功的时候选择半途而废。这样的话，你的焦虑感将会永无尽头。如果能够坚持一会儿的话，焦虑马上就会消失。

3. 使用想象暴露法时，要确保你想象的画面尽量是真实的，并且注意细节。当然，如果能够用第一人称和现在时写下你的场景，就像发生在你身上的事情，那就再好不过了。切记：一定要保证一次只关注一种担忧。

4. 按照焦虑度级别表安排进度。开始的时候，要先挑选那些有挑战性但不是非常严重的级别。一种级别变得轻松，就要果断地进行更高级别的练习。

5. 确保二十到三十分钟的暴露训练，之后再开始审视你的扭曲思想。在此过程中，避免自我安慰和自我放松。

6. 如果焦虑度并没有如你所愿地下降，就要仔细查看那些你逃避的、分心的或是其他可能发生的行为。从某种程度上说，一些行为也会缓解焦虑，但是都不长久，并且很有可能会持续加重你的焦虑。

总之，暴露治疗需要你不断地练习，才能有勇气面对自己的恐惧，才能更好地控制自己的焦虑感，进而战胜拖延症。如果你感到内心的焦虑感正在减轻，而且自己也更有动力和信心战胜拖延症的话，那么恭喜你，你太棒了。如果你觉得有点难，也不要灰心丧气，不妨重新看看这一章的内容、重新做做这一章的练习。

本节要领

暴露疗法的两种方法对治疗焦虑拖延症都特别有效。

在自己的焦虑与恐慌面前，如果你能够坚持足够长的时间，那么，这对减轻焦虑感是非常有利的。

通过本节的系统学习，你在面对焦虑的画面时，内心会变得更加悠然自在，如此一来，你也会逐渐改善逃避恐惧和挑战的不良习惯。

第三节　管理时间：把心用在真正值得的事情上

到现在为止，想必你已经对焦虑背后隐藏的内心恐惧有了非常深刻的了解，所以，现在是时候确定一些目标，然后努力实现它们了。不过，你可能会说自己没有时间练习，那么这一章会帮助你合理地安排时间，优化工作量。

没错，提起时间管理，大部分拖延症患者总会感到压抑、烦躁、自责，甚至是害怕或者退避三舍，不过，请记住一点，无论你感觉多么不舒服，合理管理时间的确是减轻拖延症的一条必经之路。

显然这是可以理解的，所以，请你放松些，而且基于你之前做过的练习，读过的内容，你一定能找到自己内心的恐惧根源，也知道控制焦虑和担忧的必要性。如果你做好了这些准备，那么，你也一定会意识到提高自己管理时间的技巧和方法是你克服拖延症的最后一战。所以，让我们现在就试试看吧。

一、颠覆时间管理的概念

很多时候，我们都觉得自己在认真地工作，然而，当我们真正检查工作结果的时候，却并没有做完多少事，也就是说，工作效率并不高。事实上，如果明白时间管理的重要性，养成“把时间用在刀刃上”的思维习惯，事情的进展就会顺利得多。

学习更加有效地管理时间的最大好处就是它可以对你的内心焦虑产生积极的影响，一旦管理时间的能力提高了，你就能很好地掌控自己生活的节奏和安排，减轻内心不必要的担忧，若是担忧少了，拖延情况自然也就少了。

事实上，关于这一说法，科学研究早已证实，当你建立了一个现实有效、灵活机动的生活计划和时间分配系统，在面对抉择的时候，内心才不会焦虑无比，也不会做出一些无效的决定，更不会因为拖延而阻碍实现目标的脚步。

实际上，这样说是绝对有道理的——有一个事实必须得承认，那就是拖延症患者和时间之间往往有着很复杂的关系。时间对于焦虑拖延症患者而言，可以说是又爱又恨。一方面，他们会认为时间还很充裕，为什么不先看看球赛，玩玩游戏，或是煲煲电话粥，工作的事留在以后再说也不迟。另一方面，他们也会认为反正时间也不够了，工作干脆就晚点儿再开始吧。然而，如果学会时间管理，就可以更好地规划生活，有效合理地分配和利用时间，改变作息习惯，实现目标，甚至跟时间化敌为友。

二、充分利用你的 24 小时

如同任何一种能力的培养一样，时间管理能力的培养也需要逐一学习、练习，并付诸实践，下面就让我们看看以下几个基本步骤。

第一步：提高自我意识

现实生活中，有很多人之所以觉得自己的时间不够用，或是感觉时间还没怎么过就没了，往往是因为他们没有意识到自己在一些不必要的工作上浪费了很多时间。所以，在合理利用时间之前，我们必须认识到自己的时间都用在了什么事情上。

在接下来的一周，你可以给自己制作一张时间管理表，并认真地监督你的时间。这一步非常关键，因为这张时间管理表会告诉你时间都花在了什么地方，而你又需要在什么地方下功夫做出改变。

需要提醒的是，在你做记录的时候，一定要明确记下睡觉、吃饭、聊天、看电视、开小差的时间，越详细越好。当然，也可以根据个人喜好，随身携带一个日程本或是小日历，每当你完成一项事情，就记录一项内容。不过，千万不要等到一天都过完了，再凭记忆去记录。

现在想必你已经开始贯彻时间监督计划了，但是，在这个过程中，难免会出现一些困难，为了帮助你更好地达到管理时间的效果，这里列举几种常见的监督时间的困难及解决办法。

1. 开始时间监督计划之前，难免有人会觉得自己不需要时间监督，因为在他们看来，自己已经很清楚都干了些什么。如果你也有这种想法的话，就请把你估算的时间写下来，从睡觉、吃饭到聊天、看电视，哪怕是开小差也不要落下，并把做这些事情的时间一一写出来。然后，第二天再试着记录一下，就试一天，看看你的估算和现实之间有没有差距。这时，多数拖延症患者往往会发现自己的估算其实并不是那么准确。事实上，大多数拖延症患者都会惊讶地发现自己居然在看肥皂剧这种事情上浪费了很多宝贵的时间。

2. 很多人一听说要详细记录自己每天的每一项工作，就会觉得压力很大。“我很忙，没有空记录。”你是不是也经常觉得自己没工夫记住这么多东西呢？请记住，我们要求你这么做是暂时的，实际上，你不需要在接下来的每一天都这样，只要一个礼拜就好了。而且更重要的是，如果现在多花一些时间，那么，以后就能节省出更多的时间。而且这么做可以帮你减轻焦虑、担心、压力，何乐而不为呢？这可是你迈出掌控自己人生的第一步啊。

3. 有些人会发现自己在监督时间的过程中也会或多或少地出现一些拖延行为，是不是经常怀疑自己？是不是一直在为了监督时间而寻找一个完美的小日历？那么，就请回到本书的第三部分，尽量集中注意力做做我们为你提供的练习，从而克服这些拖你后腿的想法，使你自己的人生获得成功。

第二步：分析自己的时间利用

为了更好地优化时间管理，下面这个重要步骤，需要你通过记录自己每天的工作，明白自己的时间是如何分配的，并进一步了解自己应该如何更改这些分配。想必现在你已经完成了记录的工作，那么就让我们开始分析吧：

1. 下表（见表 4-5）已经对你一天的工作流程做了一个分类，包括睡觉、吃饭、带孩子、工作、读书、看电视、上网、做饭、聊天、娱乐，等等。当然，如果你还有其他一些分类，也可以添加上去。现在你要做的就是回忆一下你一周的工作流程，然后把它们正确地分类到这个表格中。

表 4-5 时间分类

分类	耗时
睡觉	
吃饭	
带孩子	
工作	
读书	
看电视	
上网	
做饭	
聊天	
娱乐	
其他	
总计时间	168 小时

2. 在表格右边的位置，已经写出你记录的整个时间，即一周的时间，总计 168 小时。你一定要保证自己的记录是一周，一个小时都不能少。

3. 根据你的个人情况，把答案一一写出来。当一周练习结束之后，你是不是有点儿小惊讶？在有些事情上你是不是花了比你自己想象还要多的时间？有些事情你是不是原本想多花些工夫的？你是不是做了好多无用功？是不是有些工作原本计划完成可是还没有完成？

第三步：谨记优先法则

现在请你再次留意一下你的时间分配，并问问自己，“这样的日程符合我的优化价值观吗？”如果你发现自己经常把大把大把的时间花在不是特别重要的事情上，而真正重要的任务却没有完成的话，那么现在是时候重新计划一下你的时间了。下面这个方法就值得一试。

首先，写出你在本周最想要完成的关键任务。关于这个任务，你无须花费太多的时间，也无须非要找到最重要的任务，实际上，你随时都可以把任务加入到你的表格或者目标中。然后，再认真思考一下你所列出的每一个工作任务，看看它们是否符合下面的标准。

优先级别高的任务：非常非常重要，本周非完成不可的。

优先级别中的任务：很重要，但并非本周一定要完成的。

优先级别低的任务：重要，本周需要完成，但不是立刻要完成的。

为了帮助你更好地理解这个时间管理的原则，不妨认真地看看下面这个例子。

杰克在一所高中担任英语系主任一职，每天晚上，尤其是周末，他都会习惯性地把工作带回家。虽说这些工作中的好多都已经过了截止日期，可是，即便杰克作了计划与安排，仍然有好多事情不能如期完成。为此，他时常这样告诉自己："时间太少了，工作多得完不成，我不想被打扰。"但是，这样一来，就令他的太太——一名繁忙的律师，和三个可爱的孩子，感到非常不满：爸爸陪我们的时间实在是太短了。

尽管这样，杰克周末加班的时候工作效率也非常低，每当这种时候，他不是想先做什么工作，想自己如何解释工作没有按时完成，就是想象自己的学生和同事会怎么看待自己。杰克的这些表现令他的太太感到非常失望，于是，杰克不得不开始思考他的时间安排。为此，他利用了价值观的优化法——家庭、健康、工作——准备重新制订下一周的工作计划，见表 4-6。

表 4-6 杰克的一周

每周任务	优先级高、中、低
下周末写完课程计划	中
打电话给朋友	低
每晚花一个小时陪家人	高
每周进行 2~3 次的运动	高
超市购物	中
周末带孩子去游乐场	高
开家长会	中
建立班级学习指导	低
写年级教学计划	高
考试标准研讨会	低

如表所见，杰克按照自己的优先级设定了一个下周计划，在这个计划表中，显然家庭和健康被他排在了第一位。与此同时，杰克经过深思熟虑之后，还非常小心地根据自己的能力确定了可现实的、可行的计划，而不是把优先级别高的所有事情都统统塞进这个计划中，除非是那些时间确实紧迫的工作才被他列入高级别中，而一些级别低的任务反倒被他适时地删除了。比如，举行考试标准研讨会、制定班级学习指导，这些都被杰克从表中直接删除了，全面考虑之后，他决定将这些任务交给他的助教去处理。事实上，助教本人非常乐

意接受这些任务，因为对于助教来说，获得这些经验也是一个极好的锻炼机会。

看过这个案例，你也来为自己设计一个一周工作的优先级别吧（见表 4-7）。根据各项任务的时限和你内心价值观的取向，统一规划它们。在规划的过程中，如果你发现其中有一些任务过于庞大，甚至到了你根本没法掌控的程度，那么就试着分步完成。如果有些任务既不符合时限要求，又不符合你的价值优先律，也别犹犹豫豫，不如索性将它们剔除掉。

表 4-7　一周任务

每周任务	优先级高、中、低

第四步：计划好每一天

现在想必你已经做好了本周计划，首先，你需要把所有的预约、会议或是其他事情的开始和结束时间都一一记录下来。如果在这个过程中，你需要出差的话，也要把准确的出差时间预留出来。当然，更不要忘记每天必需的吃饭、睡觉之类事情的时间。

然后，你需要把优先级别最高的任务从表中摘抄出来，并写在日程本上的任意空白处。完成这个任务的过程中，需要注意以下这几点：其一，不能安排过多的高级别任务——如果每天安排的高级别任务超过了两三件，就一定要重新定位自己的级别，想一想自己是否过于夸大了某些工作的重要性；其二，如果写完了高级别任务，并且还有空余时间的话，那么，就把中等级别重要的任务加进来吧；其三，对于低级别的任务，最好是直接删掉，或是在你把高级别任务和中级别任务都完成以后，再来做这些最不重要的事情。

另外，当你完成了自己定下的日程安排，还要做到灵活变通，尤其要给自己留出一定的空余时间。这是因为如果有突发状况或是突发任务占用了过多时间的话，空余时间就能够机动利用。

除此之外，为了便于随时随地地提醒自己，你还需要随身携带你的日程表，坚持按照日程计划完成每一件事情，如果没能完美无缺地执行，也不要灰心，只要坚持下去，就会看到进步。事实上，当你能够更精确地估算自己在某件事情上要花费多少时间时，往往会带给你极大的自信，因为这意味着你开始能够掌控自己的时间了。

三、日程安排和节约时间的小建议

如果一开始你发现安排自己的时间很困难，一定不要失去信心。毕竟你的拖延症也不是一天两天了，要克服它哪会这么容易啊！努力练习，慢慢地就会变得容易起来。下面我们提供一些帮助你坚持练习的小技巧吧。

1. 灵活。遇到突发事件，不妨做个深呼吸，让自己思考和评估一下这件事情的优先级别。如果这个突发事件属于高级别任务，那么就剔除一个中级或低级任务，把这个事件加入进去。反之，那就暂且不要管它。

2. 实际。现实地计划自己完成这件事情到底需要多长时间，不要给自己设定过多或是过少的完成时间，两个极端都易导致拖延症。

3. 忘记“应该”。把注意力集中在你能做的事情上，而不是你“应该”做的事情上。朝着自己的目标前进，你一定会成功的。

4. 适当放手一些工作。不要害怕请求别人的帮助，尤其是当你确实需要帮助的时候。如果你担心别人做得不够好，那么别忘了这一点，事情不一定只能按照你的方法进行。

5. 记住自己的价值观。重要的事情一定要优先，而不重要的一定要暂缓。记住，有些事情不做就不做了，没有人是全能的。

6. 利用空余时间。如果你有多余的时间，那就做一些列表上的事情。提前几分钟开始，也能够很好地完成。

7. 不要害怕拒绝。面对那些不必要的压力和责任，不妨适当做出回绝。有些时候，有原则、有底线反倒能让你赢得更多的尊重，有自知之明也不失为一种优秀的品德。

8. 适当探究。不要花过多的时间和精力在搜集资料和选择上，要知道，永远都有看不完的资料和信息，所以，你不可能掌握所有内容，也不必掌握所有内容。

9. 缓冲。在结束一件事情、开始下一件事情之前，要给自己留一点喘息的时间，少安排一些事情，进行几分钟的调整，反倒能更加出色地完成任务。而且从长远来看，也能极大地提高你的效率，让生活变得更加轻松。

10. 给交通留下适当的时间。一场接着一场安排自己的日程往往是不可取的。比如，在交通状况不怎么理想的情况下，不妨空出堵车的时间，以便更准确、更有效地计划时间。

11. 休息时间。千万别忽视休息的时间，这对恢复你的精力，保证以更加充沛的状态投入工作中是极为有利的。

经过本节时间管理的学习与练习，相信只要你坚持下去，一定会让自己的时间变得充实起来。如果一段时间后，你依然觉得自己还有一些困难，那么就请重新回顾上面我们提出的建议与方法，好好调整一下自己。

本节要领

为了更好地克服焦虑拖延症，设定有效目标是一个关键。一旦你迈出这一步，就会发现你的生活正变得越来越有活力、效率和生机。

要想设定有效的目标，必须掌握下面五个关键步骤：确定自我价值、设定目标、明确达成目标的步骤、预知问题、自我奖励。

灵活掌握上面五个步骤，设定目标的能力将会大大提高，更值得欣慰的是，拖延症也会逐渐减轻。

第四节　制定目标：你所焦虑的往往不是你真心在乎的

在征服焦虑拖延症的过程中，虽说设定一个好的、适当的目标是有一定难度的，但是这是非常关键的一步。以这样一位拖延症患者为例，他的目标就很清晰：“每当我跟我的弟妹在一起的时候，总是觉得很焦虑，我希望能找到一种和他们相处的方法，让我感到自在一些。”正如你所见到的一样，这位拖延症患者的目标很清晰、很明确，这对治疗她的拖延症起到了相当正面的效果。

在本节，我们就将教你如何设定一个现实、可实现、合适的目标，并掌握如何完成这个目标的技能。另外，我们还会教你如何把你的价值观分解成一个个短期的、一步一步的小目标。当然，在本节，你也会明白有效目标和无效目标之间的区别。

一、有效目标为何如此重要

设定自己的目标是战胜焦虑拖延症的关键，然而，一个容易担忧、焦虑、拖延的人往往很难设定适当的目标。如果你有这种倾向，那么对你来说，明确地规定出每天的作息计划可着实是件折磨人的事。因为你只要一闲下来，就会变得无所事事，这样就会把大把大把的时间浪费掉，往往是一天结束了，你还什么事都没有做。

其实，目标在我们的生活中扮演着极为重要的角色，如果你能够很好地设定明确有效的目标，规划管理自己的思想和行为，完成每一天的工作，那么，你的治疗将会起到相当正面的效果。而且从现实情况来看，如果拖延症患者能够为自己设定更加有效的目标，那么更多正面的效果就会产生：他们的自信会增强起来，他们的压力会减少许多，他们的拖延症也会减轻许多。如此一来，这些拖延症患者就会慢慢地体会到完成目标的快乐和成就感。事实上，一旦我们的目标明确了，就再也不会纠结于犹豫，再也不会迷失人生的方向，从而找到自己人生的意义。

下面 5 个设定有效目标的步骤将会帮助你改掉不好的习惯，修正那些模糊的、无效的、错误的目标，掌握好其中的要领。你将建立一个清晰、具体、有效的目标，你的生活也会朝着你希望的方向大踏步地前进。

二、如何设定有效目标

现在，想必你已经非常清楚设定有效目标的重要性了，这里介绍的“五步走计划”可以帮助你提高自己设定有效目标的能力，使你的生活变得更加有效，焦虑拖延症也会慢慢减轻。

下面就让我们详细地看看这 5 个步骤，并且我们将通过一些小练习来分别说明每一个步骤的具体细节。

第一步：确定你的自我价值

在确定你的自我价值之前，我们先来澄清一些概念，到底什么是价值？这就好比人生的取向，说白了，你有什么样的价值观就决定了你要走怎样的人生，目标如何，分向如何。可以说，价值观规划着我们的选择和行为，也给我们指明了生活的道路，在它的指引下，我们才能一步步地做出决定，选择目标。反之，如果我们的人生没有价值观的掌舵，那么整个人就会在茫茫的大海中迷失方向。

事实上，我们选择的价值观，无论是有意识的还是无意识的，都将控制我们的目标和方向，将我们的整个人生引向这种价值取向。当然，价值观也会随着人生阅历的变化而变化，对于一个人来说，20 岁的价值观和 50 岁的价值观显然会有所不同。

年过半百的哈莉特是一名焦虑症患者，她还有一位 80 岁高龄的母亲，不过，她的母亲经常找她借钱。其实哈莉特也是个大手大脚的人，在物质享受方面时常花去太多的钱，这让她常常陷入紧张的经济压力中。

现如今，哈莉特越来越强烈地感觉到她的价值观会使自己变成母亲的样子——一样地穷困潦倒。一想到这里，哈莉特就会冒出这样的想法，一下子买一辆漂亮的车还不如攒点儿棺材本，可以说，这就是哈莉特价值观的转换。在这种价值观转变的基础上，哈莉特为自己设定了新的目标，一方面，她正在为自己的将来作打算；另一方面，她也努力试图削减不必要的开支。

如果现在的你也正受到焦虑拖延症的困扰，那么就请思考一下你的价值观，这或许对你会有一定的帮助。要知道，是价值观组成了你每天生活的主干，如果一个人没有清晰的价值观，那么在生活面前，他将变得束手无策。回忆一下，在你空闲无聊的时候，是不是经常会有这样的情况发生：你不知道该做些什么，你时常发现自己很矛盾，最终，你总是无所事事地荒废掉宝贵的时间。

如果这种情况也同样出现在你的身上的话，那么就请尽快明确你的价值观吧，想明白这一点，对于解决你的这些矛盾是大有帮助的，而且你的人生也会因此而找到方向，充满意义与活力。

练习题：你的价值观是什么呢？

看到这里，想必很多人都会有这样的疑问："什么对我来说才是最重要的呢？"这里我们列举了一些价值观的例子：健康、爱情、事业、家庭、财富、物质享受、孝顺父母、精神、朋友、地位、教育、娱乐及其他。请认真回忆一下你的生活现状，并根据自身情况，挑选5个对你来说最重要的事情（按照影响力递减的顺序进行），以此来判断什么样的价值观在你的生命中占据主导地位。

1.
2.
3.
4.
5.

事实上，如果你认真对待这项练习的话，你会惊讶地发现，这项练习带给你的帮助实在是太大了。也许，在过去很长一段时间以来，你之所以会经历挫折与失败，根本原因就是因为你定错了目标，尽

管你一直在提高效率上努力奋斗。实际上，如果你能够适时地改变自己的目标计划，并设定一个新的、清晰的、具体的目标，我们有理由相信，你的生活一定会一帆风顺地向前迈进。

第二步：设定目标

正如我们所知道的那样，我们的目标和价值观是相辅相成的。换句话说，如果我们设定了适合自己的人生目标，那么我们的生活就会朝着相同的方向发展下去。不过，为了设定与你价值取向相匹配的目标，就必须了解设定正确目标的几个关键要素。

说到这里，不得不提一个人，他就是目标设定领域最早的研究学者之一——爱德华·A. 洛克。多年来，他一直致力于研究有效目标的组成以及导致无效目标的原因，这里提到的关于有效设定目标的指导正是基于爱德华的研究。在研究的过程中，他发现一个好的目标往往需要以下几个特点：

1. 难度。也许，很多人会认为设定一个简单、容易完成的小目标可能比较合适，但是研究发现，如果我们制定的目标越难，那么，我们努力的情绪就会越高涨，想要完成目标的激情就会越强烈。而且如果你的目标颇有困难的话，即使遭遇小小的失败，也意味着已经取得了很大的进步。关于这一点，高尔夫运动就能给出答案。老虎伍兹是大家都很熟悉的高尔夫选手，在他的职业生涯里，之所以能够创造一个又一个辉煌，无不与他的目标有关。相比大部分选手志在获得锦标赛的冠军，老虎伍兹的目标却是打破尼克劳斯创下的连赢 19 次锦标赛冠军的纪录。事实上，正是因为有了这个看起来很有难度的目标，在他的不懈努力与拼搏下，老虎伍兹才创造了一个又一个的奇迹。

2. 具体。通常情况下，设定一个明确的目标对你会有很大的帮助，而且这个目标越清晰、越具体越好。比如，“减肥 5 斤”这个目标肯定比“减肥”这个目标有效果，也明确得多。

3. 反馈信息。在设定有效目标的过程中，另一个关键问题就是记录自己努力的过程。在此环节，反馈信息可以帮你认识到自己在努力过程中的表现如何，这是因为反馈为我们实现目标的过程提供了关键的坐标。通常情况下，反馈信息和具体特点是相辅相成的。比如，如果设定了减肥五斤的目标，那么你就能每天清楚地记录下你的体重变化。可别小看这个改变，它可是影响计划顺利进行的有效保障。

4. 自我保证。为了促成目标的达成，自我保证也是一个重要的制胜法宝，这也可以解释为什么你的价值观很重要的原因所在。要知道，你的价值取向会指引你选择可以完成的目标。

5. 可实现的。为了确保找到一个好目标，还需掌握可实现性这个特征，就是说这个目标必须是你实现能力范围内的。一个有效目标是你坚信自己可以完成的目标，而一个有难度的目标可以帮你更好地努力，更好地克服焦虑拖延症。不过，切记一点，你所制定的这个目标不能超出你可以实现的范围。

这里有几个有效目标的例子，大家不妨参考一下：减肥五斤、半年攒下一万元、把胆固醇指标降下二十个点、每三天做一次半小时的健身活动、每周保证有五天和家人一起共进晚餐。

现在，想必你已经非常清楚设定有效目标需要哪些因素，那么分清长期目标和短期目标对你也会有很大的帮助。短期目标是指那些在最近一段时期内你可以完成的目标；而长期目标则是指符合我们的价值取向，但是需要花很长时间才能达成的目标。很显然，一个人的短期目标、长期目标以及价值取向，这三者之间是相互作用的，它们相互协作帮助你获得幸福愉快的人生，帮助你实现生命的最高价值。

下面让我们看这样一个例子，以便更好地理解短期目标、长期目标、价值观这三者之间是如何相辅相成的。

佩儿是一个正在寻求治疗拖延症的小姑娘，因为拖延症已经导致她无法正常完成学业了。刚开始治疗的时候，佩儿已经从学校辍学，可是，她还没有注册任何一所学校。佩儿实在不愿意经历那些该死的申请程序，因为她不愿意再次开始一场噩梦，以此逃避再次入学。在接受治疗的过程中，专业人士引导她一步步地审查自己的价值观、长期目标、短期目标，下面就是佩儿自己写出的价值观、长期目标和短期目标。

价值观：教育

长期目标：拿到大学文凭

短期目标：在截止日期前交齐申请材料，以便按时入学

很显然，在这个案例中，佩儿已经明确了自己的价值取向、长期目标和短期目标，在接下来的治疗过程中，专业人士又开始帮她

进入下一个治疗阶段。具体来说，就是帮她把短期目标分成几个更容易完成的步骤。

练习题：练习设定目标

现在，请你结合之前写过的价值等级表，试试练习设定自己的目标。先从里面随便选出一个，再写出为了实现这个理想所要设定的长期目标及短期目标，并把它们分别写在下面的空白处。

价值：________________________________

我的长期目标：________________________________

我的短期目标：________________________________

写好之后，再请认真核对一下，看一看你所写的内容是否符合上文提到的好目标的特点。如果有任何一个问题回答是否定的话，那么一定要重新修改你的目标，以确保每一个特征都符合。

第三步：明确达成目标的步骤

俗话说，不积小流，无以成江海；不积跬步，无以至千里。所以，在这个环节，你需要把已经设定好的长期目标、短期目标分解成一个个小步骤（当然，前提一定要符合有效目标的标准）。

首先，你需要选一个短期目标，然后把它分解成你所能想到的最小的步骤，之后，再一步一步地完成这个短期目标；其次，对于长期目标的实现，也要遵循这个道理。

事实上，把大目标分解成小目标不仅能减轻你面对大目标时的压力和紧迫感，还可以使你面对任务时不再感到无聊、烦躁和厌倦，不再逃避，轻松搞定。为此，不妨看看下面这个小故事，对你或许会有所帮助。

辛西亚是一名深受焦虑拖延症困扰的患者，眼看周围好多人都已经考上驾照了，她还没有驾照，更糟糕的是，她自己从来都没想过要去考个驾照。

但是，当辛西亚在郊区找到一份医药代表的工作时，她忽然发现自己每天不得不面临驾车上班的情况。所以，她给自己设定了一个目标，那就是“考驾照”。很显然，这是她的短期目标，而她的长期目标则是在这家公司里实现自己的职业理想，在经济上取得真正的独立。为此，她的医生打算帮她把短期目标分解成几个独立的小步骤，下面几步就是实现短期目标的小步骤：

1. 申请考驾照
2. 找个伴一起练习
3. 每周抽出 5 个小时练习开车
4. 每天阅读半小时的驾车指南
5. 通过路考
6. 拿到驾照

练习题：分解目标

现在，请你翻到前面，看看你之前写下的短期目标，再把它们尽可能地分成几个小步骤。

1.

2.	
3.	
4.	
5.	

第四步：预知问题

现在的你是不是充满了干劲儿，充满了力量？没错，当你明确了价值观，选好了目标，也设定了达成目标的步骤以后，一定会觉得自己就像一匹即将脱缰的马，感到整个生命都在你的手中，生活充满了意义。

不过，就在你距离成功越来越近的时候，这里想着重讨论你在实现目标的过程中可能遇到的一些困难和问题。诚然，正如你所经历的那样，在你开始实现小步骤，试图完成自己的长期目标和短期目标的时候，也会遇到一些不可逾越的阻碍。所以，提前预想可能发生的问题，提前找到解决问题的对策，反而对实现目标是件极好的事情。

练习题：发现问题，解决问题

现在，让我们回到你的短期目标上，认真地想一想在实现目标的过程中，你会遇到什么问题？你会遇到什么阻碍？然后，再把你所想到的所有问题写在“问题”那一栏。接着，针对每一个问题，尽可能地思考出解决问题的方法。总之，设想自己可能遇到的麻烦，然后提前找到解决问题的方法，这对迎接你人生旅途中的颠簸与阻碍是极为有利的。下面这个例子就是一个极好的说明。

吉姆计划将自己的胆固醇指标降低三十个点，当他开始努力后，整个人充满了干劲。接下来，吉姆要面对的任务就是设想自己可能会遇到的问题，然后，再找出解决这些问题的方法，为了解决这一问题，他列了下面一张表格（见表 4–8）。

表 4-8　试解决

可能会遇到的问题	关于这些问题的解决方法
燕麦片吃完了	一次购买一周要吃的量，这样就不用总往超市跑了
跑步机出故障了	买一台新跑步机，或是去健身房锻炼
没有时间锻炼身体	每周保证在几个固定的时间段锻炼身体
膝盖受伤了	可以做一些不影响膝盖的活动，如游泳
太想吃汉堡了	我爱吃的东西还有很多，如果我达成目标了，也可以犒劳一下自己
跑步实在是太无聊了	我可以去户外跑步，也可以时不时地换换运动形式

第五步：自我奖励

很多时候，在实现自我价值、完成目标的过程中，给自己一点点希望的小曙光也是极有帮助的。每当你完成某个小目标之后，不妨给自己一点开心的小奖励，并且反复对自己说：“你干得很棒！”以示对自己的鼓励和希望，当然，这种奖励也有助于你更好地实现目标。还犹豫什么，现在就好好犒劳一下自己吧，只需要想想看什么能让你开心和快乐就好，然后，再把你的想法写在下面。

练习题：选择奖励自己的方式

我的奖励包括：

1.
2.
3.
4.
5.

当你完成一个目标，就选择一个或是多个方式来奖励自己吧。

我想要这样奖励自己：________________

本节要领

为了更好地克服焦虑拖延症，设定有效目标是一个关键。一旦你迈出这一步，就会发现你的生活正变得越来越有活力、效率和生机。

要想设定有效的目标，必须掌握下面五个关键步骤：确定自我价值、设定目标、明确达成目标的步骤、预知问题、自我奖励。

灵活掌握上面五个步骤，设定目标的能力将会大大提高，更值得欣慰的是，拖延症也会逐渐减轻。

第五节　改变关系：营造最适合你的新环境

也许，看到这里，很多人会觉得莫名其妙，这是什么意思呢？改变我和谁的关系呢？又怎么改变呢？如果你对这种说法还是有点儿费解，那么不要紧，放轻松就可以。事实上，为了帮助你克服焦虑拖延症，你必须改变你和很多事物、很多人之间的关系。这其中的关系，也许是改变自己和周围环境之间的关系，也许是改变你和别人的相处方式，也许是改变你看待自己的方式、看待努力奋斗的方式，以及看待目标的方式。

“啊？原来我有这么多需要改变的关系啊？”一想到这里，你是不是颇有压力呢？不过，哲学家荀子曾经说过：“不积跬步，无以至千里。”如果你按照下面的步骤，一点一滴地开始每天改变一些，那么，总有一天你会发现原来改变竟然是如此的轻松自如。

一、环境是如何让你拖延的

生活中，在拖延症患者身上，我们常常会听到这样的抱怨：“克服拖延症最大的障碍就是环境中存在的干扰和诱惑，看看我们生存的环境吧，电视、电话、网络、冰箱……这些无不会降低我们的注意力，降低我们的效率。”毫无疑问，这些都会使我们注意力分散，无法集中精神克服拖延症。

不过，讽刺的是，由于这些干扰都是附属于环境的，所以这些干扰基本上处于我们可以控制、可以消除或是至少可以稍微改善的范围内。手机一直响个不停，那么，何不干脆关掉。冰箱里总是有好吃的，那么，何不离冰箱远点。这些事情是不是很容易做到呢？的确如此，改变环境以及你和环境之间的关系，总是能够帮助我们减少注意力不集中的情况，提高我们的效率。

现在，你也试着想想你自己的那些逃避方式。如果你害怕失败，那么，在工作中很可能无法集中精神，为了逃避工作，你可能会跑去打扫房间、整理衣橱什么。如果你有完美主义倾向，打扫房间就够你烦心的了，那么，你的工作很可能是一拖再拖，因为你总是试图找出最完美的方案、最理想的客户——很显然，对你而言，在一件事情上提高效率就意味着在另一件事上拖延。如若不信，那就看看下面的列表，选出你会做出的拖延行为。

煲电话粥

打扮自己

回复短信

吃饭

看肥皂剧

逛商场

上网聊天

研究时尚杂志上的发型

看书，看杂志

做白日梦

……

当然，你的拖延行为可能并非这些，你也可以写出你个人的一些其他拖延行为。需要注意的是，每个人的选择都会有所不同，而且每种拖延行为也可能会无休止地重复下去。

二、如何找到最适合你的新环境

通过上面的列表，想必你已经找出了你多数情况下的拖延表现。在这些情况中，你有没有发现自己是否经常被一些临时的突发事件拖了后腿？比如看电视、上网。或者你是否经常被自己的欲望干扰？比如饥饿、玩乐。

如果遇到这些情况，想必你很可能会这样安慰自己：“我可以先完成那些不太重要的事，比如收拾收拾屋子，擦擦地板，逛逛街什么的。”如果这些情况的确在你身上发生的话，那么，一定要特别留意那些你拖延时经常做的事情，当然，为了把这些生活中的不速之客赶走，我们也会教你下面几个绝招。

1. 走出家门

很多人会发现一旦自己在家工作，总会不停地想一些与工作无关的事情，比如清理卧室、整理书架、收拾冰箱之类。如果这些情况在你身上发生的话，那么，就请果断地换个不会使你突然产生什么想法的地方办公吧，如此一来，才能集中精力做你手头的工作。通常，像公共图书馆、安静的咖啡厅、你的办公室都是不错的选择。

2. 暂时科技禁令

当今社会各种各样的高科技产品唾手可得，往往搞得我们没办法集中精神工作。如果你总是把大把大把的时间花在摆弄你的智能手机或是平板电脑上的话，那么，你就需要考虑暂时把这些数码产品放起来了。别紧张，这里只是说暂时，你可以给自己设定一个持续工作的目标，15 分钟、半小时或是一小时——只要你觉得合理就行。一旦你设定好这个目标，就要立马关掉手机，而且在这段时间内也不要上网或是做其他事情。

3. 隐藏干扰

找个东西把电视机盖上，或是干脆选择一个没有电视的地方工作。当然，也千万不能把报纸、杂志、书放在你能看到的地方。如果你在家里办公的话，那么最好花些心思给自己布置一个小小的工作区，但是也不必太完美，只要能让自己没有任何受到干扰的机会就可以了。

4. 远离人群

有这样一种人，一旦到了人多的地方，就喜欢跟人闲聊，于是，拖延的问题就出现了。如果你有这种倾向的话，不妨找个没人的地方安静地工作。办公室、图书馆都是值得参考的好地方，或者，戴上耳机也是个好方法。

5. 接近人群

相反，如果你在别人的目光下很少会做出拖延行为的话，那么，你就找一个可以让你暂时控制欲望，不会做出拖延行为的环境吧，以便有效排除干扰，提高工作效率。

6. 谨记你的优先律

在很多拖延症患者身上，我们往往会看到这样一种情景，为了自我安慰，让自己相信自己做的都是优先需要完成的工作，所以他们才没法专注于自己的本职工作。然而，事实上，像打扫房间、煲电话粥、到处逛商场这些被当作紧急借口的事，才是最需要改掉的。当你不想做一件事情，却跑去做另一件事情的时候，不妨停下来诚实地问问自己，究竟哪一件事情才是最该优先完成的。

7. 适当颠倒一下顺序

有时候，你只需要适当调整一下做事情的顺序，那么，生活将会截然不同，并且还会因此而颇有起色。当然，没有人能一天到晚不停地工作，我们每天还需要睡觉、运动、放松和娱乐。请记住，充实的人生可以让一个人活得更健康、更精彩，所以，一定要在你的日程中包括这些事——只不过工作要优先安排。比如，不要直接给自己规定运动量，在你坐下来写报告之前，不妨洗个热水澡，吃顿营养又健康的午餐，再定下一个目标，然后努力工作一个小时，最后再去运动。此时，你很可能会发现虽然还有一些工作没有做，但是这样放松地慢跑，不失为一件惬意的事情。

8. 给自己一个提醒

你可曾想过，当你做白日梦、发呆、脑袋靠在床头空空荡荡的时候，时间总是不经意地从你身边偷偷地溜走。如果你也经常这样浪费了许多白花花的时间，那么就赶紧想一个办法让自己迅速收回思想吧。比如，你可以添置一个计时器，让它每过几分钟就响一次；你也可以发送提醒通知。如此一来，一旦你的思绪飘到了九霄云外，身边这些东西就会提醒你赶紧回来，这样也就帮你克服了拖延的困扰，以便把注意力都集中在当下的事情上。

二、如何改变你和他人的关系

现在想必你已经明白了你和环境之间的关系，以及如何改变你和环境的关系，下面再让我们看看你和他人的关系又是如何让你患上拖延症的。

在很多焦虑拖延症患者身上，我们经常会发现这样一个现象：他们总是比普通人要承担更多的责任，负担更多不必要的事情，这是因为这些焦虑拖延症患者总是很难拒绝别人。之所以会出现这种心理，一方面可能源于他们的完美主义思想（我要做好所有的事情），害怕别人对自己失望（如果我不帮助他，他一定会很失落的）；另一方面可能源于他们单纯地不喜欢拒绝（我只有跟大家在一起，才会觉得舒服些），这些想法都会导致不同程度的不必要的压力、担心，当然更会诱导拖延症的发作。

正如我们亲眼所见或是亲身经历的一样，通常情况下，拖延症产生的诱因有很多，表现形式也各种各样。有时候，我们可能会把拖延某项工作看成是不愿意先完成这项工作的间接拒绝。有时候，也可能是因为我们想要做得太多，结果什么也做不了。当然，也不排除这两种可能性同时发生的情况。

如此看来，学会拒绝那些不必要的工作和要求，学会拒绝那些不合适的工作，反倒可以帮助我们把注意力都集中在自己的优先工作上，而这对减轻焦虑拖延症无疑有着极为重要的影响。

1. 善用自主性沟通

让我们继续研究上面所说的这类拖延症患者，他们之所以会拖延工作，很可能是因为接受了一些额外的工作。颇具讽刺意味的是，这些人在一开始也时常会后悔和懊恼不应该接受这些要求，显然，这是一类被动沟通者，对于这类拖延症患者而言，唯有改变自己的状态，才能摆脱拖延症的困扰。

事实上，在焦虑拖延症患者中，被动沟通者是普遍存在的，这类人总是回避矛盾和不同意见，常常被他人的要求而左右了自己的时间。长此以往，他们就会逃避讨论，逃避提出不同看法，为此他们也常常陷入懊恼、沮丧、压抑、后悔的情绪中。而在这类情绪中，拖延便成了另一种方式的发泄，也是他们间接表达自己意志的途径。

相对于被动沟通，攻击性沟通就不得不提。这种沟通方式简单粗暴，当事人常常会把自己的观点强加给别人。然而，现实生活中，人们经常把自主性和攻击性沟通弄混。事实上，自主性沟通与攻击性沟通有着很大的区别，善用自主性沟通的人往往会用合理的方式表达自己的观点和需求，而且即便是在表达自己观点的时候，也会对别人的看法给予同等的尊重。下面这个表格（见表 4-9）就是对攻击性沟通和自主性沟通做的一个比较。

表 4-9 沟通方式

自主性沟通	攻击性沟通
尊重他人感受	不善于尊重他人感受
人际关系总是被增强	人际关系总是被破坏
能够用恰当的方法表达自己	总是用粗暴的方法表达自己
总会得到他人的理解和尊重	总会引起他人的厌恶和躲避

看到这里，想必很多人都明白了，自主性沟通的关键就是用正确、

适当的方式阐述自己的感受和观点，同时也要懂得尊重对方的感受和内心。之所以介绍自主性沟通和攻击性沟通的区别，目的就是为了帮助焦虑拖延症患者掌握与他人沟通的艺术，掌握拒绝他人的方法，在该说“不”的时候说“不”。如若明白了这些，就能减轻拖延症的困扰。

2. 如何做到自主性沟通

在正式学习自主性沟通的要领之前，先让我们看看这样一个被动沟通者的例子。多拉是一位母亲，每天除了要照顾3个念书的孩子，还要应付一份全职工作。可是，多拉从不喜欢做家务，总是做一些自己爱做的事情，比如打电话、逛街，等等。为此，她的家里简直就是一团糟，没交的账单总是经常弄丢，脏衣服丢得到处都是，很多未分类的纸张都堆在厨房里。经过深入的讨论，我们了解到，多拉很介意她的丈夫和孩子们从不帮她一起做家务。

其实，多拉还是一位被动沟通者。虽说她不愿意自己做家务，很需要家人的帮助，但是她的家人从来都没有帮助过她，为此她感到很不舒服，索性拖着家务活，最后，甚至于什么都不做。

很显然，多拉这么做是在间接表达自己的不满。不过，如果多拉事先了解自主性沟通的要领，想必就能顺利找到正确的表达方式，从而减轻她的拖延症了。下面就来具体说说这如何做到自主性沟通：

（1）确认环境

这里所说的确认环境就是确认我们无法进行自主沟通的环境。试想一下，当你身处困境，感到无法拒绝某人时，你会有何反应?你想要有什么样的改变?比如，当你发现你跟上级领导——你的教授或是导师谈话的时候，总是没有办法表达出自己的意见；或是当你置身于矛盾重重、有情绪波动的场面时，总是无法顺畅地表达自己的主张。

对于案例中的多拉来说，她的环境是这样的：每到周末或是节假日（时间），她的家人（人物）只管做自己感兴趣的事情，不是看电视，就是出去玩，只留下她自己在家里做家务。这种情况下，多拉就会发出这样的牢骚："这实在是太不公平了，我宁愿跟朋友打电话或是出去逛街，也不做家务（通常反应）。""我想要家里的每个人都分担一点家务活儿，而不是我一个人承担这么繁重的家务，我想和我的家人一起做家务（自主目标）。"

（2）表达自己

在这个环节，你需要表达出当你置身于这种环境时，会有怎样的感受，以及别人的行为会带给你怎样的感受。这一步，需要你用第一人称表述出自己的感受和需求。这样做可以帮助你更好、更准确地表达自己的观点，而不仅仅是无谓地抱怨或责怪。

不妨试想一下，在"我很沮丧"和"你真是让我难过"之间有没有什么分别呢？很显然，如果用第一人称来表述，没有责怪任何人，也不会给他人带来任何不好的影响，而且他人也不会感到不舒服，或是产生反驳的欲望，事实上，这种表述的成功概率往往更高。

具体到多拉这个案例，当其对家人表达情绪与要求的时候，不妨这样说："我一个人被留在家里做家务，一个人过周末，我觉得这样太不公平了，我感到很生气。"而不是这样说："你们实在是太不公平了，把我一个人留在家里，这让我太生气了。"

（3）提出解决方案

在接下来的环节，我们需要对这种现象提出解决方案。在解决方案提出来之前，请用心再默念一遍，自主性沟通的关键就是考虑到每个人的感受和想法。所以，我们一定要确保提出的方案清晰详细，不要过于折中和妥协。在这里，我们建议大家用一种坚定、清楚的要求来表达自己，而不要用请求的语气。

那么，多拉在这一环节又是如何表现的呢？她和她的家人是这样沟通的：“我列了一张每周都要做的家务清单，我希望每个周六的早上，全家人都可以各自分担一部分，大家一起来打扫卫生。”

（4）描绘成果

开始解决之前，你可以先设想一下新方案的结果，设想一个积极的结果正在改变这种关系。为此，你可以告诉大家这个新提议都有什么好处，当然如果你的新方案没有被他人接受或是别人对此还持不同观点的话，你也可以告诉他们不进行这项提议的弊端和损害。

具体到案例中的多拉，她又如何描述自己的积极结果呢？“通过这样的分工，家里就会变得干净许多，我也会轻松许多，更重要的是，从此以后，我们一家人可以有更多的时间在一起了。”幸运的是，多拉的丈夫和孩子们都非常开心地接受了她的提议，但是如果她的家人反对，多拉也可以说出不做这项提议的缺点。对于多拉的丈夫而言，不好的结果可能是：“如果你不帮忙做家务的话，那么只能我一个人来完成，这样的话，就要花费更多的时间，而我也就没空做午饭，那你只能自己解决午饭了。”

三、自主性沟通的方法

现在，让我们重复一下上面的步骤——确认环境、表达自己、提出解决方案、描绘成果。接下来，再想想那些令你感到不满而拖延的工作，想想自己究竟想要求什么，然后，再用上面的步骤进行自主性沟通。

1. 确认环境

具体人物 ________________________________

具体事件 ________________________________

通常的反应 ______________________________

想要做出怎样的改变 ______________________

2. 表达自己

为了表达清楚自己的感受，你需要在不责怪和谴责他人的情况下，用第一人称的口吻把令你感到不悦的事情或者别人的行为一一写下来：________________________________

3. 提出议案

为了解决这种现状，你认为该如何做呢？请尽量详细地写出你的要求：________________________________

4. 概述结果

实行你的方案会有怎样积极的结果：______________

对你来说：________________________________

对他人来说：______________________________

如果不实行你的方案，又会带来怎样的弊端：__________

实上，只要你遇到这种不合理的待遇或是环境，都可以进行上面这套练习，拒绝那些令你感到艰难的事情，拒绝那些令你感到愤怒的情形。

1. 解决可能出现的麻烦

实际上，当你尝试自主性沟通的时候，不可避免地会遇到一些麻烦事，下面我们就列举出一些常见的困难。

生活中，总有一些事情会让我们感到有压力，这种情况下，我们不需要立刻对别人的要求做出回应，只需要让自己整理一下思想，然后，再做出最合适的决定。很多时候，推迟回答某些问题也不失为一个自主性沟通的好方法。为此，你还需要大胆地告诉对方你需要时间考虑，迟些再答复他们。

自主性沟通的时候，难免会遇到一些攻击性的人，比如，他们可能会讽刺、挖苦你的提议，对你产生敌对情绪。一旦身处这种情况，你要记住你的提议并不是只对你有好处。一般来说，跟有攻击性的人交往的一个重要方法就是找一些跟你站在同一立场的同盟，共同表达你的观点，以此来削减对方的敌意。事实上，越是人多的情况下，这种有攻击性倾向的人往往会被渐渐软化，这样你就可以解决自己的问题。

自主性沟通的时候，还会碰到这样一个问题，有些人可能压根儿就不同意你的提议。虽说你已经费尽心血用合适的语言进行适当的合理沟通了，可是对方依然毫不配合，也不同意。这种情况下，你可以用一种被称为“重复唱片”的方法来回击反对你的人。这里所说的重复唱片，就是反复不停地在对方面前说你自己的要求和观点，直到对方同意为止。这个要领在你发现谈话和讨论都没有效果的时候是非常有用的。

除此之外，在你试图进行自主性沟通的时候，还会经常遇到一些操作上的难题。为了更有效地使用我们告诉你的方法，你必须学会控制自己的情绪，尤其是当你觉得生气或是无比沮丧，又或是讨论有些白热化的时候，一定要停下来，往后退一步，让彼此都冷静一下，这样才有助于问题的解决。

2. 如何改变你和目标的关系

对于很多焦虑拖延症患者而言，他们往往经历了很多年的无效目标，每天一睁眼，总是盯着自己没有完成的事情。实际上，为了克服焦虑拖延症，改变我们对于设定目标的看法，也是我们需要做出的一大改变。

具体而言，就是多注意自己完成的事情，不要总是责怪自己没有完成的目标，这对眼前目标的实现是非常不可取的，也是丝毫没有用的，反倒只会让你变得没有勇气，更加焦虑，加重你的拖延症。

事实上，我们要学会面对现实，面对过去那些没有做好做完的事情，而且从长远角度来看，一味地自责和惩罚也起不到任何效果。所以，为了不再逃避，从现在起，你必须扭转这种消极的判断，留心自己的成功，改变你的观点。

3. 如何改变你对努力的看法

首先，请大家回忆一下自己的生活现状，看看你是不是经常对自己说下面这些话。

我做到了什么不重要，因为我有没做到的

谁在乎这些呢？我还是没完成

我完成的事情只不过是九牛一毛

如果事情没做完，我就觉得很不爽

别人都已经做完了

看完上面这些句子，你有什么感觉呢？你是不是也如焦虑拖延症患者那样，总是能飞快地说出没有完成的目标和任务，却无法说清楚自己做得非常好、非常成功的地方？

不过，很多时候，结果并不是最重要的，反倒过程才是美好的。事实上，如果一个人总是死死地盯着自己没有做完的事情，这种活法不可能带给你进步的动力，也不可能带给你完成任务的能量。正如上面这些话一样，只会让你变得更加泄气，最终毁掉你的自信，吞噬你的能量。而积极强调比自我惩罚有用得多，因为奖励自己优秀的行为，你会有更多的动力和激情去做优秀的行为，当然，你也就能更加努力。

所以说，与其关注那些你没有做完的事情，不如试着留意一下你已经付出的那些努力，当你正视自己的努力时，也许会发现结果只是顺理成章的事情。从现在开始，不妨就努力尝试一下下面这种思考方式吧：

每一个小步骤我都做得很细

我比以前更接近目标了

我相信再小的努力也有价值

我工作很努力

没有做完总好过没做吧

我相信自己已经尽力了

正如你会发现的那样，奖励自己比责怪自己或者纠结于失败对你更有帮助。那么，又该如何找到能激励自己的东西呢？

首先，要确定如何奖励自己才能使自己更有动力。具体地说，这是要根据环境和每个人的不同来决定。要知道，激励每个人的东西各有不同，并不是说随便弄个什么奖励就能让你感到满足。这里所说的奖励可以是实物、经历，当然也可以是人，这所有的一切。下面推荐的几个小奖励，是不是让你感觉特别好呢？

洗个热水澡

做个按摩

看场电影

买件钟情已久的外套

听一首动人的歌

散步

看场比赛

在外面吃晚饭

跟朋友聊天

与他人分享你的成就

对于这种激励自己的奖励，刚开始的时候，你可能会适应不了，如果你是那种从来都是把惩罚自己当作动力的人的话，就更是勉为其难了。不过，不管怎样，都要努力坚持下去。而且你要相信一点：现在奖励自己是让自己在以后获得更多动力和更大成功的最好方法。要知道，认识自己的成功才能给你带来更多的成功，使你更加努力。为了帮助你更好地适应这种新的对待过程和自己的方式，下面这些方法可以一试。

1. 奖励自己

在实现目标的道路上，你一定要记得奖励自己，无论你取得了多么小的成绩也要记住这一点。比如，你坚持做了这个项目 15 分钟，那就大大方方地奖励自己一下吧。多小的努力都要奖励，只要做了就可以。

2. 合理奖励

一定要将奖励和自己的努力对应起来，大成果就要给予大奖励，小成就也要给予小表扬。请记住，虽然你自己可以决定成果的大小，但是也不要主观地认为我应该做到哪一步，而且也不要动不动就跟别人作比较。

3. 不要推迟奖励

在你获得成绩的时候一定要及时奖励自己，让你的大脑把进步和奖励联系起来才是最重要的，不要等，也不要拖，这样才能达到理想的效果，否则会减弱你的动力，离成功越来越远。

4. 不要提前奖励

在你还没有完成之前，千万不要急于奖励自己。回忆一下，有些时候，你是不是更愿意先去泡个热水澡，然后再开始工作呢？这样子可不行，本末倒置反倒会有负面效果。

总之，你需要随时随地地跟踪自己的进步，并且对你每时每刻的努力给予适当的奖励。总有一天，你会惊讶地发现，当你按照上面列的方法奖励自己以后，会感觉自己竟然如此舒畅。

四、如何改变你对任务的看法

看看那些总是拖延完成工作的人们，他们总是把工作看成不愉快、烦躁的产物。毋庸置疑，没有人喜欢工作，让人们主动完成工作确实有点儿勉强。但是，如果你总是把注意力放在工作不愉快的一面，只会导致焦虑、压抑和拖延的发生。如果你眼里的工作只剩下可怕、烦躁、讨厌这些字眼的话，那么，下面的方法一定会对你有所帮助。

1. 利用自我奖励

诚然，正如你所知道的那样，只要努力了，只要向着目标迈进了，就应当奖励自己。不过，为了帮助你改变对任务的看法，你还可以找一些更适当的奖励方式，这种时候设定目标可能就会帮到你。在此之前，你需要把任务分成一个一个小的步骤来完成，然后每完成一个小步骤，你就可以给自己一些小小的奖励，从而让自己更有动力去完成工作。

2. 把工作和有趣的事情联系起来

如果你觉得工作令你感到无聊或是枯燥，甚至于讨厌工作的话，那么就把工作和一些有趣的事情联系起来吧。正如你喜欢边看自己喜欢的电视节目，边做运动一样，当你觉得看项目计划书是件很乏味的事情时，那么就到充满阳光的户外去看项目书吧。

3. 公开化

很多时候，把自己的工作公开化往往能收到双赢的效果。如果你觉得自己写商务计划书是件很烦躁的事情，那么就去找同事喝杯咖啡，一起讨论一下这个计划。如果你没有办法安心准备司法考试，那么就找一个学习小组吧。和别人一起做一些令人感觉头疼的事情，反倒可以帮助我们更有效地克服自己的情绪。

4. 把工作当成游戏

如果工作让你觉得无聊，那么你很可能会选择拖延，这种情况下，不妨把工作变得更有挑战性。想想自己在室内单车上能消耗多少的卡路里，然后挑战它；看看自己一分钟能打多少字；跟你的室友比一比，看看谁能最快地把东西收拾进包里。找一个方法让无聊的工作变得有趣起来，你会发现自己的效率也会跟着大大提高。

看到这里，想必你已经了解了自己所处的环境，做过了自主性沟通的练习，知道适当地拒绝那些不合理的工作和责任，也知道是时候跟那些干扰你努力奋斗的观点和方式说告别。那么恭喜你，这说明你已经学会了用不同的方法去对待工作，看待自己的努力，奖励自己的努力。更值得欣慰的是，你在本节学到的这些方法对降低你的焦虑、担忧和拖延行为更起着至关重要的作用。

当然，如果你还有困惑，也别担心，重新回顾本节的内容，看看自己是不是漏掉了一些练习，继续练习下去，你一定能成功。

本节要领

改变你和环境、你和他人之间的关系，可以帮你更好地克服焦虑拖延症。

自主性沟通可以有效地减轻你的焦虑、拖延，使你能够适当地拒绝那些不合理的、不必要的责任和要求。

关注自己的努力远比关注自己的结果重要得多，如此一来，你的生活才会更有动力。

后记：从拖延者到行动派的10个秘诀

在阻碍我们前进的种种原因中，“拖延”或许是最好的一种掩护策略了。之所以说“最好”，是因为但凡拖延行为，在表面上看起来都会让人觉得很奋进。

试问一下，当你再一次拖延时，心里是不是觉得很不安，会感到一种无法停息的倦怠和落后感？但是，你会说服自己，说这其实是一种放松，说这其实是在为接下来的行动积累足够多的能量。

可是，事实的真相却是拖延并不能帮我们节省时间或是精力，它只会让我们的时间或是精力在无休止的自责中平白无故地消耗掉，让我们对自己充满了怀疑和自我欺骗。

如果你已经习惯了事事拖延，也不必过于担忧、害怕。我们每个人随时随地都在不断地认识自我与成长，我们之所以对很多问题视而不见，是因为我们在观念上对它们不屑一顾，“我拖延了又能怎么样，我还从中得到便宜了呢”。看看吧，我们内在的那个小小的自我是不是经常会这样对自己说呢？

对于拖延者而言，一直想等待最好的时机，但是这个“最好的”却是不存在的。如果我们要等到把内心里每个反对的声音都统统克服掉，那么，我们就什么事也不用做了。然而，在行动派的眼里，行动却是动机与动作的完美结合。一个人光有美好的想法是毫无用处的，如果不能行动起来，只能是停留在空想上。

当你回首过去的时候，你可能会发现自己也曾有过无数的雄心壮志，可是，现在却一个也没有实现，这意味着，你该行动起来了。下面介绍的10个小秘诀，就是教你如何尽快行动起来，做一个成功的行动派！

1. 每天提前一刻钟起床。利用这段时间思考你该怎样最大程度地利用这一天。

2. 时刻记住：行动第一。每件事情只处理一次，不要人为地给自己创造困难。

3. 别聊闲天。就事论事地回答别人的提问，不要把答案扯到三皇五帝上去。

4. 已经开始的事情就要努力做完。

5. 如果你想指责或是找碴儿，不妨先问问自己是否找到有建设性的解决方案，如若不然，就把话酝酿一下再开口吧。

6. 远离电视。只看必须知道的消息，别让自己沉沦为"信息植物人"。

7. 列出自己最不想做的事情，并在上面注明期待完成的时间，接下来，就要动起来。对于自己不喜欢的工作，立即处理的方式可以大大缓解压力和紧张。

8. 向其他的成功者取经。学会借鉴别人的成功，更要学会懂得他们为什么失败。

9. 如果你对某件事情充满恐惧，可能因为你对这件事情了解得还不够多。所以，请尝试着了解更多吧。

10. 对于事情中可能出现的问题，不要用消极否定的态度对待。要知道，社会在不停地进步，一切都在改变。问题的出现再正常不过，千万不要在一开始就给它扣上“消极”的帽子。

最后，想跟大家分享这样一句话：在克服拖延的过程中，不要指望一劳永逸地解决拖延问题。重要的是，要进一步地认清自己，学会与自己的内心讲和，这样才能看清自己为什么会拖延，才有可能让拖延之手从你的生活中松开！